深圳建筑 10 年奖
公共建筑后评估

主编　张一莉

中国建筑工业出版社

图书在版编目（CIP）数据

深圳建筑10年奖　公共建筑后评估/张一莉主
编．—北京：中国建筑工业出版社，2018.12
ISBN 978-7-112-23010-5

Ⅰ.①深… Ⅱ.①张… Ⅲ.①建筑物－介绍－深圳
Ⅳ.①TU-862

中国版本图书馆CIP数据核字（2018）第266473号

责任编辑：费海玲　张幼平
责任校对：王　烨

深圳建筑10年奖　公共建筑后评估
主编　张一莉
＊
中国建筑工业出版社出版、发行（北京海淀三里河路9号）
各地新华书店、建筑书店经销
北京方舟正佳图文设计有限公司制版
天津图文方嘉印刷有限公司印刷
＊
开本：880×1230毫米　1/16　印张：18½　字数：508千字
2019年1月第一版　2019年1月第一次印刷
定价：198.00元
ISBN 978-7-112-23010-5
　　　（33087）

《深圳建筑 10 年奖——公共建筑后评估》
编委会

序一

使用后评估对于中国建筑事业的发展十分重要。使用后评估的理论依据是诺伯特·维纳 (Norberf Wiener) 的控制论。20 世纪国际上有三大理论提出，即系统论、信息论和控制论。1948 年，维纳发表了著名的《控制论——关于在动物和机器中控制和通讯的科学》一书，提出了控制论，其核心概念是"反馈"。也就是说，不论人、动物还是机器，要改进其行为就一定要有反馈信息作为依据。在"黔驴技穷"这个成语故事中，老虎对驴子的认识就是通过不断的尝试和反馈来获得，并据此决定对其所采取的下一步行动。建筑师、城乡规划师和风景园林师，想要改进其规划、设计行为，也都必须先获得反馈信息。过去不少建筑师、规划师和风景园林师，并不是很懂得个中的道理。实际上，不论是建筑设计，还是环境规划设计，最终还是要为使用者着想，使其获得健康、适用、舒适和安全的人居环境。所以听取使用者的意见是非常重要的，如果不通过使用后评估来听取使用者的意见，纯粹从主观预设出发，这里肯定缺少一个反馈环节，建设程序也不能形成完整的全周期闭环。

前一段时期，建筑大潮在中国兴起，很多人匆忙地投身于一个个项目的设计与规划实践，并没有很好地反思、去做调研、去取得反馈信息，所以导致很多毛病一再重复，不少共性问题得不到及时发现和解决。建筑师与规划师自身的建筑设计和规划水平也得不到很大的提高。我在 1998 年《建筑百家言》中就曾发表了"提倡建筑师进行使用后调查"一文，指出"欲提高我国建筑设计水平和质量，提倡建筑师进行使用后调查，向使用者学习，使之蔚成风气，更是当务之急"。可惜我的建言在当时并未引起业界足够的重视，使得许多建设项目，仍然纯粹从主观预设出发，直接导致了"奇奇怪怪建筑"的蔓生。一些公共建筑外表光鲜而败絮其中，成为劳民伤财的"驴粪蛋表面光"工程。同时，伴随数字时代信息的泛滥，国内建筑设计界一度迷失在信息和图像的海洋中。加之一些建筑方案评审被简化为比选效果图，直接导致一些建筑师违背了为建筑物的使用者着想、为他们设计良好适用建筑空间的建筑学宗旨。为了短时间内赢得"比选效果图"式的设计投标，不再进行深入、全面的思考，以图像成果压制图纸成果，以空泛的新颖取代内在的逻辑，以附会的解释抹除真实的相关性。一些建筑师满足于图纸一交，设计费到手就万事大吉，至于建成后好不好用，使用者有什么意见，骂不骂娘，则不闻不问。由于缺乏使用后评估对建筑后续使用与维护的指导，影响了建筑物实现其使用价值，并在不同程度上减少了建筑物的使用寿命，导致一些建筑过早衰老。因此，开展使用后评估不论是对建筑师和规划师个体，还是对整个行业而言都是极其重要、极其紧迫的。

幸好，目前使用后评估业已引起有关方面的重视，国家政府部门正从上而下对后评估提出明确要求。"深圳建筑 10 年奖——公共建筑后评估"活动，积极响应后评估的国家政策，率先在全国相对全面、系统地予以落实，结合实际，积极探索，取得了若干示范性的成果。

建筑使用后评估并非要求建筑师一定要进行定量数据的统计分析，而是强调通过调研，取得反馈信息，从而了解规划设计方案中何者是真正好的，真正符合使用者需要的，还存在哪些不足和瑕疵，值得改进。在"深圳建筑 10 年奖——公共建筑后评估"活动伊始，我建议建筑师在开展使用后评估时，可以根据各自项目的特点和具体需求，先由简入繁，由浅入深，由单项评估到较全面的评估，灵活掌握，通过了解反馈信息，达到提升规划设计水平、改善人居环境品质的目的。

"深圳建筑 10 年奖——公共建筑后评估"活动在国内开创了由使用后评估主导的崭新建筑奖项。我曾建议我们将来的评奖，包括建筑金奖、鲁班奖等，都应该是等项目建成后经过一段时间的使用再来进行评价，并且要多听使用者的意见，而不是刚设计建造出来，就仅凭外表和工艺来评价。本次"深圳建筑 10 年奖"获奖项目均通过使用后评估获取了建筑使用的反馈信息，证明其经历 10 年（及以上）时间考验，是对民众生活和建筑学均做出有价值贡献的建筑。

开展"深圳建筑 10 年奖——公共建筑后评估"活动是对住建部近期提出的通过"后评估提升建筑设计水平"要求的落实。在本次"深圳建筑 10 年奖——公共建筑后评估"活动具体的工作指引及报告模板设置中，采用了使用后评估累积循证设计模式，使后评估成为建筑师核心创作业务的有效支持工具，推动国内建筑创作回归实用与理性，在汲取前人优秀成果的基础上实现进化式的创新。同时，"深圳建筑 10 年奖"后评估（POE）报告还要求为项目提供"可持续使用改进建议"，以满足使用者日益增长的使用需要，实现建筑的可持续使用。这些都使脱胎于"AIA25 年奖"的"深圳建筑10 年奖"有着自己鲜明的时代特点和地域性。

总之，本书是我国第一本有关建筑师开展公共建筑后评估的专著。书中提出或采用的方法及后评估报告成果，对创新和丰富使用后评估实践，提高建筑性能，提升建筑设计水平，无疑具有重要的现实意义和深远的历史意义。

吴硕贤

中国科学院院士

华南理工大学建筑学院教授、博士生导师

教育部科学技术委员会学部委员

2018 年 12 月于广州

序二

改革开放以来，我国经历了世界历史上规模最大、速度最快的城镇化进程，城市发展波澜壮阔，取得了举世瞩目的成就。在快速发展的同时，公共建筑工程设计也存在空间布局判断不确定性风险高、关键空间性能提升定量难、项目建成后综合效益不尽如人意等难题。特别是一些建筑因其功能不合理、使用问题等非质量因素而拆除，造成巨大的社会资源和空间资源浪费，带给生态环境和公众利益巨大威胁。

2014年7月《住房城乡建设部关于推进建筑业发展和改革的若干意见》（建市【2014】92号）指出："提升建筑设计水平。加强以人为本、安全集约、生态环保、传承创新的理念，……探索研究大型公共建筑设计后评估。"2016年2月中共中央、国务院印发的《关于进一步加强城市规划建设管理工作的若干意见》中提出，"加强设计管理……按照'适用、经济、绿色、美观'的建筑方针，突出建筑使用功能以及节能、节水、节地、节材和环保，防止片面追求建筑外观形象。强化公共建筑和超限高层建筑设计管理，建立大型公共建筑工程后评估制度。"

使用后评估是指在建筑建造和使用一段时间后，对建筑进行系统的严格评价，主要关注建筑使用者的需求、建筑的设计成败和建成后建筑的性能，这些均可为将来的建筑设计、运营、维护和管理提供坚实的依据和基础。目前，欧美等发达国家已逐步完善使用后评估并将其正式纳入建筑规划设计进程，应用范围涉及多种建筑类型，特别是政府主导投资的公共项目，并将使用后评估纳入建筑全生命周期的性能评价环节之中。相比而言，传统行业中的工程项目评价是一个更广泛的范畴，涉及经济投资、项目绩效、实施管理、安全质量等多个方面。

建筑使用后评估与建筑策划密不可分。早在20世纪60年代，欧美等西方国家已经将项目策划、项目建设和建成后的使用状况评价作为一个完整的建设程序。其实践范围也逐步从单一的建筑类型（如学校、医院、住宅等）扩展到城市设计、建筑设计、室内设计、景观设计等多类城市建成环境，研究范围也从使用者心理及物理环境性能拓展到设计过程、历史文脉、社会价值、设施管理和用户反馈等多个方面。

建筑策划与后评估也是与国际接轨的需要。正如习近平总书记倡导的要"树立人类命运共同体意识"，面对全球的国际化潮流，我们建筑师的工作内容也必须国际化，按国际建筑师的业务准则去执业。与国际上建筑师服务领域和内容相比，我国建筑师的工作内容存在"掐头去尾"的情况。国际建筑师协会理事会通过的《实践领域协定推荐导则（2004版）》（Recommended Guidelines for the Accord on the Scope of Practice 2004）规定建筑师在设计业务所能够提供的"其他服务"目录中，明确将"建筑策划"和"使用后评估"列为核心业务。我国建筑学界和业界也注意到这些问题，2014年中国建筑学会建筑策划专业委员会成立，为我国建筑策划研究与发展提供了学术交流平台。2016年《建筑策划与设计》一书成为"十三五"规划的高校建筑学专业第一部教材，为我国高校建筑策划教育提供了蓝本。2017年《后评估在中国》一书提出"前策划、后评估"的研究内容宜聚焦于城市建成环境和公共建筑的空间性能与用户反馈，主要关注建设项目对前期的建筑策划环节落实效果的评价。2018年《建筑策划与后评估》成为全国注册建筑师继续教育必修课教材。

在《建筑策划与后评估》一书中，笔者特别提到：通过主管学会和协会设立类似于AIA25年奖的奖项，表彰一批优秀的设计作品和建筑师，引导建筑后评估的推进。本次，深圳市注册建筑师协会在华南理工大学吴硕贤院士的指导下，开展了"深圳大型公共建筑后评估制度"课题研究，进行了"深圳建筑10年奖——公共建筑后评估"活动，在国内开创了由使用后评估主导的崭新建筑奖项。本次"深圳建筑10年奖"获奖项目均通过使用后评估获取了建筑使用的反馈信息，证明其经历10年（及以上）时间考验，是对民众生活和建筑学均作出有价值贡献的建筑。

开展"深圳建筑10年奖——公共建筑后评估"活动是对住建部近期提出的通过"后评估提升建筑设计水平"要求的落实。"深圳建筑10年奖——公共建筑后评估"活动中运用的调查式后评估与参评项目竣工后初次评优的建筑回访形成了相对关联的系列后评估，使后评估成果中的"循证设计模式"获得了更好的验证、比对，为同类建筑设计资料库、设计标准和指导规范的更新提供了一手资料，实现了后评估的中、长期价值。同时，相对关联的系列后评估也使本次成果中的"可持续使用改进建议"能促进建筑性能的持续提高和改善，进一步实现后评估的中、长期价值，延长优秀建筑的生命周期，实现建筑的节约与低碳，落实新时代建筑方针中新增的"绿色"指标。这些都使脱胎于美国"AIA25年奖"的"深圳建筑10年奖"更加符合我们自己的国情，为探索公共建筑工程后评估在我国的可行路径提供了参考和借鉴。

作为国内第一部关于建筑师开展公共建筑后评估的成果专著，本书既是后评估方法的总结，也是后评估短、中、长期价值实现途径的总结，并且通过后评估对深圳40年改革开放建设成就进行了总结与提升。其成果无论对于后评估还是前策划，无疑都具有重要的现实意义和深远的历史意义。

庄惟敏

全国工程勘察设计大师

清华大学建筑学院院长、清华大学建筑设计研究院院长

教授、博士生导师

国家一级注册建筑师

中国建筑学会常务理事

中国勘察设计协会常务理事

国际建协（UIA）理事

2018年12月于北京

目录

附录

编后语（张一莉）

循证设计模式和使用改进建议
——深圳建筑 10 年奖后评估活动中的重要创新

陈晓唐

BIAD 北建院建筑设计（深圳）有限公司副总建筑师

前期策划与后评估研究中心主任 建筑学博士 高级建筑师

随着"中国的建筑闪电战式"的建设发展进入"新常态"，随着对"奇奇怪怪的建筑"的摒弃及对"适用、经济、绿色、美观"新时期建筑方针的贯彻落实，随着对国内"过早衰老建筑"问题的研究及对"建筑可持续使用"的重视，喧嚣后的些许沉静得以让思考逐渐展开。

吴硕贤院士在 2009 年中国科学院学部咨询评议项目报告中特别阐述了改革开放以来建筑界出现的严峻状况：过于强调建筑的外在形式，忽视了内在性能，提出回归建筑学的本质——为建筑物的使用者着想、为他们设计良好适用的建筑空间，贯彻落实"适用、经济、绿色、美观"的新时代建筑方针中首要的"适用"。一个建成的建筑物有何优缺点？有何需要改进的地方？令人满意不满意？对于这些问题，建筑使用者最有发言权。后评估（Post Occupancy Evaluation，简称 POE）即是实现向使用者学习的理性途径。

近年来，国家相关部门从上而下，对后评估提出了明确要求。2014 年住建部在《住房城乡建设部关于推进建筑业发展和改革的若干意见》（建市〔2014〕92 号）中明确提出"提升建筑设计水平。加强以人为本、安全集约、生态环保、传承创新的理念……探索研究大型公共建筑设计后评估"。2016 年中共中央、国务院印发的《关于进一步加强城市规划建设管理工作的若干意见》中提出要"建立大型公共建筑工程后评估制度"。2017 年住建部的《关于印发工程质量安全提升行动方案的通知》（建质〔2017〕57 号），在首要重点任务"提升建筑设计水平"章节，明确提出了"探索建立大型公共建筑工程后评估制度"。上述一系列政策颁布，标志着国内建筑后评估已从十多年的学术研究层面上升到国家政策层面，并逐步走进建筑师日常执业领域。

美国建筑师学会从 1969 年就开始颁发美国建筑师学会 25 年奖（AIA25 年奖），引导社会重视可持续设计，重视建筑经历 25 ~ 35 年后还能保持好的状态并且基本功能完整。庄惟敏教授在其著作《建筑策划与后评估》中倡导：通过主管学会和协会设立类似于美国 AIA25 年奖的奖项，表彰一批优秀的设计作品和建筑师，引导建筑后评估的推进。2018 年，深圳市注册建筑师协会在吴硕贤院士的指导下，开展了"深圳大型公共建筑后评估制度"课题研究，进行了"深圳建筑 10 年奖——公共建筑后评估"活动。参照 AIA25 年奖，本次"深圳建筑 10 年奖"获奖项目均通过后评估明确：项目使用 10 年（及以上）保持好的状态，仍按照初始的建筑策划及设计运行；同时，通过后评估总结出获奖项目经历 10 年（及以上）时间考验对民众生活和建筑学仍具有贡献意义的设计亮点。有别于美国 AIA25 年奖，"深圳建筑 10 年奖"明确要求获奖项目采用系统性的"循证设计模式"总结设计亮点，成为本次活动的首要创新。其次，基于国内快速发展特点，明确要求获奖项目提出"可持续使用改进建议"，也成为本次"深圳建筑 10 年奖"活动不完全同于美国 AIA25 年奖的另一项重要创新。

"深圳建筑 10 年奖"属于奖中之奖，是对已获得市级优秀工程二等奖以上奖项的公共建筑，在使用 10 年后再通过后评估进行评选的奖项。参评项目在其竣工后初次评优所进行的建筑回访（接近于使用后评估的初级层次陈述式后评估，可实现反馈客户的后评估短期价值），与本次"10 年奖"所采取的调查式后评估（属于使用后评估的中级层次，可实现改善建筑的后评估中期价值）形成了相对关联的系列后评估，在某种程度上达到了诊断式后评估（属于使用后评估的高级层次，可实现优化标准的后评估长期价值）的一些成效。书中的"循证设计模式"均经过了系列后评估的使用验证、比对，可为同类建筑设计资料库、设计标准和指导规范的更新提供第一手资料；书中的"可持续使用改进建议"可促进建筑性能的持续提高和改善。因此，本次"深圳建筑 10 年奖——公共建筑后评估"活动实现了后评估的中、长期价值。如果优秀建筑通过系列后评估的可持续使用改进，生命周期延长 30%，那将实现最大的节约与低碳，后评估也借此成为贯彻落实"适用、经济、绿色、美观"新时代建筑方针中新增"绿色"指标的极其重要的举措。

· 循证设计模式

循证设计（Evidence-Based Design，EBD）特指对来自实践与研究的最好"实证"进行设计使用的过程，近十多年来，在美国及欧洲迅速得到发展，但在我国尚属起步。如同国际建筑界著名院校 AA 前校长 Brett Steele 所说，建筑创新需要通过不断的尝试，并在尝试的过程中，不断地修正，才能逐渐走到准确的、合适的轨道上。循证设计为创新的修正，借鉴以往的经验，提供了一个极好的过程，以减少创新失败的影响。笔者（博士研究中）通过创新性地梳理、强化"后评估累积循证设计模式"的途径，使循证设计这一理性设计方法成为改进我国建筑设计实践的有源之水；使后评估成为建筑师核心创作业务的有效支持工具，推动国内建筑创作回归实用、理性，在汲取前人优秀成果的基础上实现进化式的创新。最终，在 2016 年笔者完成的博士学位论文《建筑师使用后评价方法及在博物馆的实践》中，初步搭建起了具有后评估中、长期价值的国内首个博物馆循证设计"实证库"框架，以提升未来新博物馆项目的建筑策划和设计。

本次"深圳建筑 10 年奖——公共建筑后评估"活动的核心是贯彻落实 2017 年住建部《关于印发工程质量安全提升行动方案的通知》（建质〔2017〕57 号）中要求的

通过"后评估"工作"提升建筑设计水平"。因此，作为"深圳建筑 10 年奖"评估委员会成员，笔者在筹备伊始即将"后评估累积循证设计模式"的博士研究创新成果提交评估委员会，并获准将其导入"深圳建筑 10 年奖"后评估（POE）报告的模板中。即，要求参评单位的成果部分须以循证设计模式总结（每个项目总结三个及以上的循证设计模式，每个模式应包括后评估探询到的一手资料，包括问卷调研的图表结果、访谈结果、观察结果等），从项目的外部环境模式、内部功能空间模式、建筑主题表达模式、地域气候契合模式等方面总结项目的设计特色、创新要点、新技术应用等，以通过后评估促进建筑设计理念的融合和升华，促进建筑设计水平的提升，为同类建筑设计资料库、设计标准和指导规范更新提供第一手资料，从而实现后评估的中、长期价值。

循证设计模式具体模板见下：

×× 模式

（1）原型实例及相关代表照片。

（2）相关说明。

（3）应对的问题，包括标题式的点明问题的实质及对问题的分析。

（4）问题的解决方案，以指引的形式出现，并辅以原型实例进行说明。

（5）使用反馈，即后评估探询到的一手资料，包括问卷调研的图表结果、访谈结果、观察结果等。

（6）体现的相关理论（此条属于多选项）。

通过各参评单位的实践反馈获悉：上述模板在各参评单位进行后评估成果的分析、归纳中，起到了极其重要的引导、保障作用。据一些参评单位的总建筑师们反映，后评估成果整理的思路即使不参照模板由建筑师们自由发挥，最终也会形成与模板类似的逻辑。这在一定程度上验证了笔者的"后评估累积循证设计模式"博士研究成果的相对合理性与科学性。

循证设计理论始于美国得克萨斯 A&M 大学建筑学院 Ulrich 教授 1984 年在《科学》杂志上发表的论文《窗外景观可影响病人的术后恢复》。该文描述了对同一走廊两侧病房内的患者进行为期十年的对照观测。其结果证明：病房窗外的自然景观比另一病房窗外的砖墙景观更有利于患者术后的恢复，并减少了患者所需住院时间及所需止痛药的强度和剂量。这篇文章的意义在于，它首次运用严谨的科学方法证明了环境对疗效的重要作用。循证设计的核心理念是在设计中运用经过实践验证了的相关知识，这些知识涉及建筑学、心理学、社会学等众多领域。当前循证设计方法早已不限于医疗建筑类型，而成为建筑师持续探索的设计方法，为建筑师进行相关决策提供科学依据。

循证设计与后评估关联密切。在将"实证"整合纳入循证设计的渴望中，国外设计行业已经显示出了对后评估的浓厚兴趣。在美国，完成的较多后评估为确认传闻中的设计原则和揭穿一系列的杜撰神话提供了洞察能力。循证设计实施过程中的后评估一般要在确保建筑各系统运行稳定、使用者完全适应新环境的前提下进行。通常建议使用一年以后，其好处在于建筑物已经经历了一年四季的变换。

与循证设计实施过程中包含后评估相似，后评估实施过程中也可以包含循证设计的因素。科学理性的后评估可以借由循证设计与建筑师核心创作业务建立起密切关系，累积基于后评估的"循证设计模式"，可以使循证设计这一在欧美已发展十余年的理性设计方法成为改进我国建筑设计实践的有源之水，可以把新项目的决策与设计建立在科学的基础上。

"模式"绝不是要限制建筑师的创新。模式的概念事实上非常类似认知、学习过程的"图示（schemata）"。按照瑞士心理学家皮亚杰 20 世纪 70 年代的相关理论：世界的一切都体现于物与物的关系上，人的认识在于找出这些不同的关系；不同的关系与形象反映到头脑形成不同的"图示"；作为人的心理活动的基本要素，"图示"由简到繁逐渐变成庞大的体系，这就是认知、学习的过程。因此，基于后评估的循证设计"模式"其实就是建筑师认知、学习过程中的不同"图示"。

本次"深圳建筑 10 年奖"后评估（POE）报告模板中"循证设计模式"体现了学术性与宜用性。首先，在学术性原则方面，主要体现为理论与实证的结合。即在累积实证时，在实证中提炼若干理论，这些理论既有建筑师创作实证时明确阐述的理论，亦有研究者根据实证总结得出的理论。恰如彼得·埃森曼所说："理论，如果不是得自经验原则之门，则如同穿过烟囱，掀翻桌椅的幽灵；与此相似，历史，如果不是得自理论原则之门，则如同涌入地下室的鼠群，让房屋摇摇欲坠。"罗小未教授亦曾提到：建筑设计的理论时效似乎非常长，这给那些掌握较多设计理论的建筑师带来了益处。其次，在宜用性原则方面，主要体现为贴近建筑创作的思考习惯。在实证的总结中，参考美国建筑学者 C．亚历山大及其团队在《建筑模式语言》中总结提炼的 253 个建筑空间模式的理念与方式。即每一个模式描述建筑环境中发生的某个问题，接着叙述解决这一问题的关键所在。这种对问题的分析及对问题的解决，正是崔愷院士在《关于本土》的文章中总结的建筑创作思考方式："每每接到一个新项目，都用本土设计的立场去研究分析，找到合适的策略，选择适度的方法去解读问题，不用急躁，也不用有太多犹豫和压力，构思好像总能比较自然、合乎逻辑地呈现出来"。

循证设计模式的累积是一种自下而上、从简单到复杂并不断进化的过程，恰如凯文·凯利（Kevin Kelly）在其 20 世纪 90 年代的大作《失控》中描述的"众愚成智"：大脑自下而上地从简单行为的本能或反射开始，先生成一小段能完成简单工作的神经回路，接下来让大量类似的回路运转起来；之后，复杂行为从一大堆有效运作的反射行为中脱颖而出，就此构建出第二个层级；当第二层级设法产生一个更复杂的行为时，就把下面层级的行为包容进来了。与人类意识相似，自下而上、从简单到复杂并不断进化的循证设计模式的累积即是分布式的智慧型平台。这种智慧型平台将为建筑师提供恰当的实证参考，促发建筑师在汲取前人优秀成果的基础上，实现进化式的创新。因此，"后评估累积循证设计模式"成就了本活动及本书的学术特征。

本次"深圳建筑 10 年奖——公共建筑后评估"活动累积出的相关"循证设计模式"均经过了广大使用者长期使用、验证。这些"循证设计模式"紧密围绕建筑使用者的实际使用需求，为国内建筑创作回归实用、理性，为住建部近期提出的"后评估提升建筑设计水平"要求作出了有益探索。

· 更贴近使用者的使用改进建议

有别于美国 AIA25 年奖，本次"深圳建筑 10 年奖"活动的另一项重要创新是基于国内快速发展的特点，为项目提供"可持续使用改进建议"，以满足使用者日益增长的使用需要，实现建筑的可持续使用。

在可持续使用方面，当前国内建筑同发达国家维护、使用良好的上百年老建筑形成了较大对比。吴硕贤院士在 20 世纪 90 年代就强烈呼吁国内建筑师不要收钱、交图就完事，要关注建筑使用中的情况，要运用后评估向使用者学习，要运用后评估为使用者进行持续的服务。本次"深圳建筑 10 年奖"明确要求报奖的建筑设计单位结合建成十余年来日益增长的使用需求，探查新的使用变化，提供三个及以上的改进建议，真正让建筑师们关注建筑使用中的情况，促进建筑性能持续地提高和改善，从而实现后评估的中、长期价值。

为了使"可持续使用改进建议"更贴近使用者的日常使用需求，笔者在活动伊始受"深圳建筑 10 年奖"评估委员会委托，除了向参评单位的建筑师们介绍后评估的工作流程、相关模板外，特将笔者的"建筑感官体验理论对后评估调研方法的改进"博士研究创新成果向建筑师们作了详细介绍。

近年来，建筑感官体验研究逐渐成为建筑学的热点，普利兹克建筑奖的最新走向显示出了建筑学前沿发生的这种变化。2009 年以来，该奖得主，如卒姆托、妹岛和世、伊东丰雄等都属于关注建筑感官体验的建筑师。伊东丰雄曾坦言，对其重大影响的是筱原一男建筑作品中的感官性。作为建筑学重要组成部分的后评估应积极响应建筑学前沿对建筑感官体验的关注。同时，对建筑感官体验的关注恰恰可以促进后评估核心的关于使用者对建筑使用感受的研究。因此，笔者在后评估调研方法改进的博士研究中特别运用了诸如"借鉴现象学方法扩大加深直接经验""建筑感官体验式观察"等原则。

现象学方法是克服简化主义，"转向事物本身"，通过揭示出我们经验中迄今被忽略的方面以丰富我们的经验世界。借鉴现象学方法进行后评估问卷调研时，应采用结构性问题与开放性问题相结合的方式。进行访谈调研时，应尽量采用非结构访谈和半结构访谈，以更多、更深入地了解用户对建筑使用状况的感受。进行观察调研时，尽量采用无结构观察法。笔者在无结构观察法基础上，进一步提出了建筑感官体验式观察法。即：建筑师暂时淡化技术思维，换位至用户，进行换位知觉体验式观察，感同身受地获得用户感受。这种换位不仅是身体的换位，也是心理的换位。知觉现象学家莫里斯·梅洛–庞蒂认为身体本身是图形与背景结构中的第三项，任何图形都是在外部空间和身体空间的双重界域上显现的。建筑师置身于终端用户的处境，可借鉴Flâneur（漫游者）的行为方式感同身受地获得用户体验的第一手直观经验，并对相关现象成因进行有益探询。Flâneur出现于19世纪的巴黎街头，能敏锐地观察人群和街头上所发生的事件，并通过身体的互动去接收新信息，给我们带来了有益的启示。

· 结束语

笔者非常感谢深圳市注册建筑师协会主办的这次"深圳建筑10年奖——公共建筑后评估"活动给笔者提供了一次将博士研究成果与建筑师同行分享的机会。活动虽近尾声，仍不免担心误导同行，尽管导师吴硕贤院士的对工作指引、报告模板的批语时常萦绕心头："建议说明建筑师做后评估时，可以根据各自项目的特点和具体需求，由简入深，由单项到较全面的调研评估，灵活掌握，通过了解反馈信息，达到提升建筑设计水平，改善人居环境品质的目的"。

记得几年前，笔者在博士研究伊始曾对后评估进行了相关问卷访谈，国内数位一线权威建筑师，包括何镜堂院士、崔愷院士、刘家琨老师、李兴钢大师，纷纷认为：建筑师对其创作的作品进行后评估与建筑创作关系密切，同时可以减缓国内建筑过早衰老的严峻状况；建筑作品进行后评估很重要、很紧迫，但国内此领域的应用较为不足。几年过后，终于伴随着具有开创意义的"深圳建筑10年奖——公共建筑后评估"活动，建筑后评估得以在较大范围内应用、实践。

医院建筑后评估的思考

· 侯 军　深圳市建筑设计研究总院有限公司副总建筑师

一、现阶段我国医院建筑的发展概况

　　医院建筑是一种综合建筑，其特殊性来之于"医疗体系"所具有的专业性、多样性和复杂性。目前，我国医疗事业不断发展，除大量新建医院之外，既有医院也正在进行不同程度的改造和扩建。许多经过改造和扩建后的医院，医疗服务环境得到逐步改善，其中不乏一些成功范例，但同时也存在较多问题。长期以来，不管是新建还是改扩建，负责医院改扩建的管理者普遍重治疗轻康复，重医疗技术、设备而忽略人性化的室内环境，医院设计人员则重规范轻个性，其局限便是建筑风格单一、色彩单调、空间拮据、环境嘈杂、绿化偏少。同时，相较于其他公共建筑，随着医疗技术的不断进步、诊疗设备的不断更新、附加服务的不断增加，医院的功能仍在进一步扩展，使得医院建筑成为所有公共建筑中最难把握和难寻规律的最复杂的建筑类型。

二、医院建筑使用后评估的作用与意义

　　使用后评估是指在建筑建造和使用一段时间后，对建筑进行系统的严格评价的过程，主要关注建筑使用者的需求、建筑的设计成败和建成后建筑的性能，这些均可为将来的建筑设计、运营、维护和管理提供坚实的依据和基础。

　　医院是大型公共建筑，其使用后评估是医院建筑设计全生命周期中最重要的一环，是对建成环境的反馈和对建设标准的前馈，是人本主义思想和人文主义关怀在新时代的体现，推动了建筑学科时间维度上的完整性和人居环境科学群的学科交叉融合，将对建筑效益的最大化、资源的有效利用和社会公平起到重要的作用。后评估作为一个建筑学概念提出，标志着建筑师业务实践范围的进一步扩大，建筑师从此开始系统地对建成环境的绩效评估进行研究与实践。

　　回顾医院建筑创作的全过程，从建设规划立项到建筑设计之间，我们需要有一个"建筑策划"环节对任务书和设计要求进行较为清晰的界定，而在投入运营一段时间后，我们需要"使用后评估"环节对其使用后的状况进行跟进和分析，并为下一步的策划提供反馈。这就构成了医院建筑"前策划—后评估"的闭环，通过不断反馈和改进，实现医院建设发展的良性循环。

　　后评估所代表的是一种不同于以往的建筑观，其核心是注重建筑的功能效果、关注人与建筑之间的关系。以往以设计美学为原则的建筑观通常将建筑外化为一个审美

客体，考察客体对于主体形成的审美经验，无论考察角度还是主客关系都有很大的局限性。而后评估所代表的建筑观将人与建筑之间的关系都纳入一个更为宏观全面的环境系统中予以考察，这种观点是与一种新的以环境为出发点的世界观的兴起紧密相连的。在大部分建筑师还是把自己的工作重点放在外观、造型等方面的时候，一个新的设计工作步骤的建立，"前策划后评估机制"的引入，将有助于我们摆脱仅以审美评价建筑的概念，取而代之以一种更为全面的建筑观，将建筑所蕴含的社会、经济和环境关系纳入建筑设计与评价体系之中。

三、医院建筑应基于"前策划、后评估"的整体设计观

我国的医院建设量大面广，其设计水平和建成效果会直接影响医院的医疗服务水平。而医疗建筑的专业性和复杂性又注定了优秀的医院建筑作品不会轻而易举地产生。因此在实际的医院建筑设计实践中，个性知识需要与规范性知识相结合，从而形成一种基于实践基础上的新的知识。具体而言，后评估的作用在于，将建筑设计具体实践过程及成果中形成的整体性的、理解性的认识，运用分析和归纳的方法，进行系统化的总结与整理，从而可以将其运用到其他相似类型或者场景的建筑设计实践中去，即将个性知识予以规范化。因此，需要不断总结，找出差距，提高设计水平。

鉴于医院建筑的复杂性，应从医院建筑的全生命周期出发，在保证医疗流程的前提下，最大限度地满足绿色建筑"四节一环保"和医院的工艺流程、洁污分区和使用功能要求，为患者和医护人员提供健康、适用和高效的使用空间，打造与自然和谐共生的医院疗愈空间环境。需要建筑师牢固树立整体设计的观念，将医院建筑的设计、建造、运维、使用和可持续更新、生长紧密结合起来，即进行"一体化"策划、设计与建造，有效填补医院设计和后期使用、运维之间的空白，避免建筑师的随意性和盲目性。项目竣工使用后应及时跟进"使用后评估"，广泛接触和征求使用者的意见和建议，发现问题，及时解决并梳理总结，为医院的使用与更新建立坚实的基础，实现真正意义上的"闭环"。

四、对医院建筑后评估的展望

温故知新，从建筑后评估的发展历程我们可以看到，1920年代开始的后评估尝试都是个案性质的，即针对某个具体项目展开，数据收集和分析也是聚焦于某一方面的具体问题，其目的是为研究目标建筑本身的改善提供依据。直到1960年，后评估作为一个独立的知识体系有了里程碑式发展。随着大学和科研机构中建筑学学科自身

的演进，以及各种相关案例、数据与经验的积累，后评估的视野逐渐涵盖了各种建筑类型，如工厂、学校、医院、住宅……当对建筑的实际使用和需求开展系统性研究的时候，我们发现即使在工厂、学校、医院等业主即使用者的建筑项目中，由于没有对使用要求进行系统性的认识和整理，以及缺乏将其准确传达给建筑师的方法和工具，建筑落成后也会出现与预期效果不一致的问题。所以，从这个角度讲，后评估的出现弥补了建筑设计过程中一直缺失的关键回馈环节。于是，后评估开始有了系统性的实践、方法和理论的总结。

国内对建筑后评估的介绍与研究始于1980年代，领军人物以吴硕贤、庄惟敏、徐磊青为代表，而真正意义上的研究与实践才刚刚起步，可以说：2018年是中国建筑后评估元年！医院建筑专项的使用后评估也才刚刚开始，各项标准与准则都在建立与完善当中。医院建筑的后评估对医院的建设与发展至关重要，也势在必行。本次"深圳建筑10年奖——公共建筑后评估"活动是最具实操意义的后评估实践，而"深圳市中心医院（北京大学深圳医院）"项目将成为我国首个医院建筑后评估案例。

相信在国家大力倡导与积极推动下，我国的建筑后评估事业一定会蓬勃、健康发展。衷心期望我国的"前策划—后评估"制度能够尽快与国际接轨，使中国建筑师尽快融入世界大家庭，并按国际建筑师的业务准则去执业。中国的城镇化建设任重道远，中国建筑师使命艰巨，也一定能够在此领域占有一席之地！

绿色建筑后评估

· 于天赤　建学建筑与工程设计所有限公司深圳分公司总建筑师

我们每到一个地方做设计首先是了解当地的气候条件、地形地貌，其次是调查民居，从中汲取有价值的传统方法与工艺。为什么那些没学过设计的农民会建造出适应环境的建筑？因为他们不断在"试错"！英国经济学家蒂姆·哈福德写过一本书叫《试错力》，书中指出"试错的作用就是：适者生存，不适者改进"。试错转化为建筑学的语言，恐怕就是后评估（POE，Post Occupancy Evaluation）了。

英国是最早提出建筑后评估的国家，他们分别从建筑的性能和使用者的心理感受两方面来进行后评估，形成了一套完整的后评估方法，影响到建筑设计。随着绿色建筑的提出，全社会开始关注建筑全寿命周期内建筑的建造及运营问题，而对绿色建筑使用后进行绿色建筑后评估，不仅可以从一个客观的角度来评判建筑的使用情况，也可以一一对应地反映设计初始想法与实际效果。而且当初不是按照绿色建筑标准设计的建筑，也可以通过绿色建筑后评估发现问题，通过"既有建筑绿色建筑改造"的方式使其达到绿色建筑的标准，变成绿色建筑。

绿色建筑后评估是对绿色建筑投入使用后的效果进行评价，包括建筑运行中的能耗、水耗、材耗的消耗水平评价，建筑提供的室内外声环境、光环境、热环境、空气品质、交通组织、功能配套、场地生态的评价，以及建筑使用者干扰与反馈的评价。

2017年2月住房和城乡建设部颁布了《绿色建筑后评估技术指南》（办公和商业建筑版），这是我国第一部关于绿色建筑后评估的技术指引。绿色建筑后评估指标体系由节地与室外环境、节能与能耗利用、节水与水资源利用、节材与材料资源利用、室内环境质量、运营管理六类指标组成。

绿色建筑后评估分为三个等级。当绿色建筑后评估总分分别达到50分、60分、70分时，绿色建筑后评估等级分别为及格、良好、优秀。

为了更好地学习和了解绿色建筑后评估，对由我们设计的阳江市海陵岛海韵戴斯酒店（五星级）进行了绿色建筑后评估，该酒店于2012年建成，在设计之初没有按照绿色建筑来设计（图1～图4）。

图 1 海韵戴斯酒店总平面图

图 2 海韵戴斯酒店效果图

图 3 2012 年建成

图 4 2018 年回访

设计特色

1. 在局促的三角形用地内，以双"S"形布局，赢得了80%的海景房间，退让出入口广场，创造了一个自然的中庭空间。

2. 充分利用地形地貌，依山就势布置建筑，减少场地开挖。同时，将自然光与风引入建筑中，既自然又节能。

3. 分层、分区域设计了VRV空调＋新风系统，便于淡、旺季转换使用。

我们希望通过绿色建筑的后评估达到以下目标：

1. 通过绿色建筑后评估找到问题，将其改造成绿色建筑

参考《绿色建筑后评估技术指南》，拟定了以下工作路线图：

第一步，根据施工图进行评价。根据对标可以得出，本项目具有良好的场地风环境；采用了热压通风的手段进行自然通风；采用了玻璃天井对项目中庭进行采光；采用了中水系统，回用于绿化灌溉和场地冲洗；采用了高效能水冷机组及新风系统等（图5、图6）。

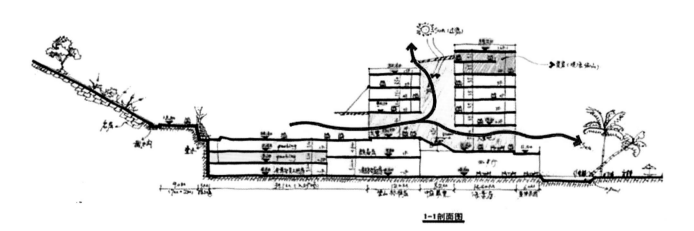

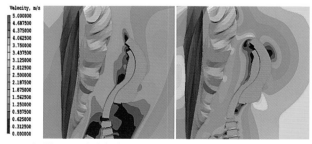

图5 场地人员活动高度1.5m风速云图（冬季、夏季）

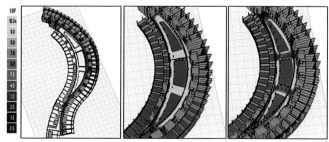

图6 自然采光模拟分析

图 7 停车场走道采光　　　　　　　图 8 非机动车停车位　　图 9 采光中庭

图 10 生物质蒸汽锅炉　　　　　　图 11 采光中庭

　　第二步，实地考察，对项目进行实际运行评价，发现在运行过程中酒店管理公司采用了很多绿色手段，利用场地高差对停车场走道进行自然采光；增设了非机动车停车位；采用了生物质蒸汽锅炉（可再生能源提供生活热水）（图 7~ 图 11）。

　　第三步，对标评价。进行对标分析，初步评价得分为 45.11 < 50（及格标准），最后我们建议采取以下改造方式：

　　　　1）将酒店的卤光灯等不节能电灯全面升级为 LED 节能电灯；

　　　　2）在公共空间，如走道、楼梯和车库等处，采用分区、定时、感应等节能控制措施；

　　　　3）将卫生器具更换为二级节水器具，如 3.5/5L 坐便器等；

　　　　4）人员密集空间，如会议室，采用二氧化碳监控系统，且与通风系统联动；

　　　　5）车库采用一氧化碳监控系统，且与排风系统联动。

　　通过上述改进措施，酒店可以达到 52.64 分，绿色建筑后评估等级分为及格（一星级）。

　　2. 通过对酒店的绿色建筑后评估，验证酒店最初的设计构思与实际使用情况之间的差异。

　　在酒店中，我们设计了可以自然采光、通风的中庭，在实际访问中客人对中庭的满意度较高，并因夜晚可以看到星星而高兴。在使用中，中庭基本不用开灯也不用开空调，大大节约了成本，但是发现了以下问题：

　　　　1）为避免海风和含盐分高的湿气，公共空间的门窗均不开启；

图 12 水幕天窗   图 13 防蚊窗纱通风百叶

2）顶楼天窗热度高，为取得降温的效果，顶楼采光天窗增加水幕（图 12）；

3）项目北面靠山，为防蚊虫，顶楼通风百叶增加了防蚊窗纱（图 13）。

根据海韵戴斯酒店提供的运行数据，对能耗数据进行了统计（表 1），得出海韵戴斯酒店的年耗电量为 59.22kWh/(m² · a)，并与海韵戴斯酒店相邻的同为五星级的 B 酒店，进行能耗数据对比（表 2）。

阳江海韵戴斯酒店 2017 年水、电、煤气和生物原料用量情况表   表 1

月份	水费用量 /m³	电费用量 /kWh	煤气 / 元	生物原料 / 元
1	3351	170700	20,271.92	9,481.50
2	3406	133800	15,766.87	7,528.50
3	2956	136500	14,640.71	5,281.50
4	6112	188700	19,665.12	12,610.50
5	3985	243100	17,932.56	16,957.50
6	5459	323100	20,271.60	20,389.72
7	7137	403700	25,382.36	24,051.26
8	8328	443300	28,999.65	24,820.00
9	4477	295000	17,738.05	14,984.60
10	5064	274300	19,146.28	18,082.03
11	2432	160400	18,717.16	12,676.91
12	3453	138000	20,136.16	10,235.90
合计	56160	2910600	238,668.44	177,099.92

* 其中 5 ~ 10 月为旺季。

B 酒店 2017 年水、电、天然气和油用量情况   表 2

月份	水费用量 /m³	电费用量 /kWh	天然气用量 /m³	油费用量 /m³
1	9020	399164	3960	11140
2	4951	290960	5850	8090
3	5706	359285	3465	6100
4	6924	319282	3960	10380
5	13466	485492	4410	9870
6	14698	607453	5940	10080

月份	水费用量 /m³	电费用量 /kWh	天然气用量 /m³	油费用量 /m³
7	14371	610742	5940	15780
8	20344	712976	5940	16310
9	13665	493248	3465	8670
10	20078	622666	5940	13300
11	11067	439718	4455	8350
12	8825	361010	4455	6000
合计	143115	5701996	57780	124070

* 其中 5 ~ 10 月为旺季。

海韵戴斯酒店：59.22kWh/(m²·a) < B 酒店：78.19kWh/(m²·a)

将海韵戴斯酒店能耗与《深圳市大型公共建筑能耗监测数据》* 进行对比，海韵戴斯酒店属于 A 类约束值 I。其对比结果为：

59.22kWh/(m²·a) < 155kWh/(m²·a)（约束值）

59.22kWh/(m²·a) < 110kWh/(m²·a)（引导值）

从这些能耗数据及用户反馈来看，我们的中庭设计达到了预期的构想，通过运营过程的改进，效果更加完善。而这些改进方法是我们在今后的设计中应该借鉴的。

绿色建筑后评估为后评估评价体系增添了一个视角，让我们对设计效果的验证增加了一个新的认识维度。

*
宾馆酒店建筑能耗指标约束值　单位: kWh/(m²·a)

建筑分类		约束值		引导值
	I	II		
A 类	三星级及以下	120	100	80
	四星级	145	120	100
	五星级	155	130	110
B 类	三星级及以下	170	140	105
	四星级	220	180	135
	五星级	245	210	150

①其中约束 I 值是指符合国家标准《公共建筑节能设计标准》GB 50189–2005 节能设计要求的公共建筑运行时所允许的建筑能耗指标上限值；约束 II 值是指符合国家标准《公共建筑节能设计标准》GB 50189–2015 节能设计要求的公共建筑运行时所允许的建筑能耗指标上限值；引导值是指在实现建筑使用功能的前提下，综合高效利用各种建筑节能技术和管理措施，实现更高建筑节能效果的建筑能耗指标期望目标值。

②其中 A 类公共建筑：可通过可开启外窗方式利用自然通风达到室内温度舒适要求，从而减少空调系统运行时间，减少能源消耗的公共建筑；B 类公共建筑：因建筑功能、规模等限制或受建筑物所在周边环境制约，不能通过开启外窗方式利用自然通风，而需要常年依靠机械通风和空调系统维持室内温度舒适要求的公共建筑。

建筑师负责制与后评估

· 沈晓恒　深圳市建筑设计研究总院有限公司副总建筑师

2018 年深圳市注册建筑师协会开展了"深圳建筑十年奖"的评选工作，评奖过程的讨论离不开"建筑"与"建筑师职责"这两个重要内容，这促使我开始思考近年来建筑界的热门话题——建筑师负责制和建筑后评估之间的关系。从某种意义上讲，评奖活动本质上是建筑后评估制度的重要组成部分。跨周期、多维度的后评估可以帮助建筑师更深刻地认识和评价公共建筑，促进建筑师负责制各个阶段内容的完善和落地，推动行业的进步和发展。探索目前正在推动的建筑师负责制和建筑后评估背后的内涵，以下几点值得深入思考。

首先，住建部在《关于征求在民用建筑工程中推进建筑师负责制指导意见（征求意见稿）》中提出了建筑师"参与规划、提出策划、完成设计、监督施工、指导运维、更新改造、辅助拆除"七个工作内容，涵盖了建筑师在建筑全生命周期的全部工作职责。这些工作职责从某种角度看，包含了工程性和社会性两个维度的内容。除了在大家都关心的工程性维度之外，其实在社会性维度上，更需要建筑后评估在建筑师职责中发挥重要作用。比如，建筑师负责制赋予建筑师甲方代理人、项目设计人和准司法人三种角色，其本质对应的就是三种不同类型的思维方式，以及相对应的不同类型的使用者。而建筑后评估的核心工作之一就是从使用者出发，为不同使用者思维建立综合反馈系统，帮助建筑师在建筑全生命周期工作中平衡不同利益主体的关系。

其次，就目前阶段现状而言，在建筑投入使用后漫长的生命周期内，缺乏足够的有效手段和制度让建筑师参与进来，而建筑后评估为建筑师的职责提供了可靠的制度设计和有效的工具，让建筑师的工作有效贯穿于建筑使用的末端，并最终前馈于规划、策划等全过程工作内容，形成闭环。

再次，我们还应该注意到的是当代社会和科技飞速发展，建筑的使用需求、建筑技术的要求都面临巨大的不确定性，这些不确定性对建筑师的职责提出了更大的挑战。因此，建筑后评估需要关注建筑专项性能之外的要素，将更广泛的社会变动纳入进来，形成系统，适应建筑的演化，有效地发挥建筑师的职责，并最终提升建筑的长期价值。

最后，后评估制度将为建筑与建筑师带来更大的社会影响力，它使更多的使用者和社会公众有效地参与进来。如前所述，评奖是后评估制度的重要一环，将重要公共建筑从个别专业群体推向公众和社会，带来更多的使用者和不同公共利益的考量，这反过来将促进建筑师对建筑师职责的思考，也更有助于建筑师负责制七大内容的具体落实，推动建筑行业的良性发展。

　　建筑师负责制与建筑后评估制度的推动是一个长期的课题，我和我的团队正在进行相关研究工作，以上是其中部分工作的思考。本次深圳建筑十年奖评选活动开启了深圳公共建筑后评估的先声，对建筑师深入思考建筑师负责制必将带来积极的影响。

消防安全评估
在建筑后评估中的应用
——深圳建筑十年奖公共建筑后评估创新实践

·巩志敏　博士，深圳市注册建筑师协会建筑防火分会秘书长

一、消防评估对公共建筑后评估的意义

1. 消防安全是公共建筑的底线与根本功能

随着国家现代化建设的推进和人们公共活动需要的增加，越来越多的大型公共建筑出现在城市的版图上，体育馆、展览馆、博物馆、机场、轨道交通枢纽等大型公共建筑被大量地规划建设和投入使用。

消防安全评价是对建筑防火水平进行评估的手段，是保持和改进建筑防火水平、保证大型公共建筑安全运行的重要环节。公共建筑人员密集、火灾危险比较大，一旦发生火灾，具有人员疏散和扑救难度大、经济损失大、政治影响大、人员伤亡大的特点。以深圳市为例，据统计分析，自 2013 至 2016 年，公共建筑火灾发生率占全市火灾 39%。广东省以及全国其他省市这一比率甚至更高。

由于这些建筑系统复杂、人员众多，许多安全问题就凸显出来，消防安全作为保证大型公共建筑安全运行的关键因素，纳入建筑后评估，既体现了从业者高度的责任感，也体现了深圳市率先引入建筑后评估的创新与发展勇气，而不是简单、机械地照搬国外做法，为今后国内推广这一活动作出了积极贡献。

2. 公共建筑消防投资盲目

据调查，消防投资中存在着两种错误倾向：一种是盲目增加投资，使消防工程造价过高。统计表明，消防工程投资比率一般在 3% ~ 5%，高的甚至占 15% 以上。消防投资已经成为建筑工程中一项特别重大的要素，这给建设单位和使用者带来了巨大的经济负担，既造成了巨大的浪费，又影响了安全决策的科学性和合理性。另一种错误倾向是极力压缩消防投资，认为消防投资是一种非生产性的投入，是一种没必要的投资，这导致消防安全性常常难以保障。这种情况存在的原因是多方面的，但主要是由于长期以来，我国对安全投资很少依据安全风险评估进行经济性评价并依此进行投资优化造成的。

二、消防安全评价体系与结构

1. 消防安全风险评价流程

目前在风险性较大的行业领域，形成了较为规范的、制度化的安全生产评价依据和评价方法，具有得到广泛认可的安全评价流程。消防安全评价的流程可以参考这些规范的行业标准和技术成果，消防安全评价流程可分为如下几个步骤：

1）明确进行消防安全风险评估的对象和范围，现场调查，资料收集

针对不同的评价对象需要采用不同的分析和评价方法，消防安全评价首先应确定评估的目标，对评价目标存在的消防现状和存在的问题进行现场调查，收集和整理在评估过程中需要用的相关资料。

2）火灾风险的危险因素识别分析

在现场调查和资料收集的基础上，分析评价对象的消防危险因素，识别火灾发生的危险源。

3）建筑火灾风险评价指标体系建立

分析建筑消防系统的特性，建立火灾风险评价指标体系。

4）建筑火灾风险评价

在建立火灾风险评价指标体系的基础上，根据不同的评价目标，划分基本评价单元。综合运用专家打分系统、层次分析法和能力与脆弱性计算确定评价目标的火灾风险水平。

5）结果反馈及过程控制

根据评价结果有针对性地提出降低火灾风险的措施和建议。根据评价和分级结果，高于标准值的危险必须采取工程技术或组织管理措施，降低或控制危险；低于标准值的危险，属于可接受或允许的危险，应建立监测措施，防止条件变更导致危险值增加。

2. 建筑消防安全抵御力量指标体系

抵御力量包括被动防火措施、主动防火措施、内部消防管理、消防团队和支援力量，这些指标都是消防安全的抵御力量。

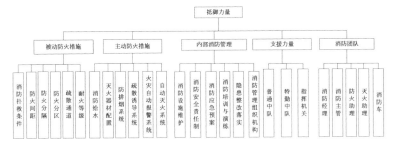

建筑消防安全抵御力量指标体系

破坏力量包括客观存在的危险因素、人为因素导致火灾和建筑特性，这些指标都是造成火灾发生和增加火灾损失的破坏力量，这些因素的风险性越高，得分也越高。

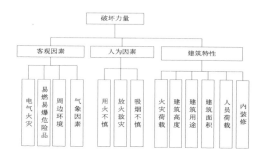

建筑消防安全破坏力量指标体系

层次分析法确定指标权重

指标体系及其分值确定以后，还需要确定各指标的权重。只有不同层次的重要影响因素的权重合理地确定以后，才能以此设计和编写计算程序。

层次分析法计算权重步骤如下：

1）建立层次结构模型

2）构造判断矩阵

层次分析结构模型建立后，将问题转化为层次中各因素相对于上层因素相对重要性的排序问题。在排序计算中，采取成对因素的比较判断，并根据一定的比率标度，形成判断矩阵。

假设问题 A 中有 B_1，B_2，$\cdots$，B_n 个指标，则构造的判断矩阵 B 为：

$$\begin{vmatrix} b_{11} & b_{12} & \dots & b_{1n} \\ b_{21} & b_{22} & \dots & b_{2n} \\ \dots & \dots & \dots & \dots \\ b_{n1} & b_{n2} & \dots & b_{nn} \end{vmatrix}$$

b_{ij} 表示纵列 B_i 与横行 B_j 比较结果。

3）计算判断矩阵的最大特征根和特征向量

4）检验判断思维的一致性

5）建筑火灾风险判定

用线性加权模型分别计算破坏力量和抵御力量的分值：指标体系及其分值确定以后，还需要确定各指标的权重。

$$v = \sum_{i-1}^{n} W_i \times F_i$$

式中：V 为破坏力量或抵御力量的分值；W_i 为各级指标的权重；F_i 为最基层指标的分值。

通过比较破坏力量和抵御力量的分值判断评价对象的火灾风险。设 R = 破坏力量 / 抵御力量，R 的大小与火灾风险的关系可用下表表示。

火灾风险分级标准

R	风险等级
<0.4	低风险
0.4 ~ 0.8	较低风险
0.8 ~ 1.2	中等风险
1.2 ~ 1.6	较高风险
>1.6	极高风险

三、结束语

通过比较破坏力量和抵御力量的分值，判断建筑的消防火灾风险水平，最后根据评价结果有针对性地提出降低火灾风险的措施和建议。评价结果对于提高建筑防火水平具有积极作用，既可以用于指导建筑工程从策划、设计到投用乃至退役各个阶段全周期的消防风险控制与管理，也可以用于优化建筑工程防火设计，从而使消防投资与消防安全达到最有水平，使消防工程更加科学合理。

2018 年深圳建筑 10 年奖
公共建筑后评估获奖项目与评估报告

序号	后评估项目名称	设计单位名称
1	南海酒店	深圳华森建筑与工程设计顾问有限公司
2	深圳大学演会中心	深圳大学建筑设计研究院有限公司
3	深圳发展银行大厦	香港华艺设计顾问（深圳）有限公司
4	深圳五洲宾馆	深圳大学建筑设计研究院有限公司
5	深圳特区报业大厦	深圳大学建筑设计研究院有限公司
6	深圳赛格广场	香港华艺设计顾问（深圳）有限公司
7	深圳招商银行大厦（原名：深圳世贸中心大厦）	深圳市建筑设计研究总院有限公司
8	深圳市中心医院	深圳华森建筑与工程设计顾问有限公司
9	深圳创维数字研究中心	香港华艺设计顾问（深圳）有限公司
10	深港产学研基地	奥意建筑工程设计有限公司
11	深圳市民中心	深圳市建筑设计研究总院有限公司
12	深圳华润中心一期（万象城）	广东省建筑设计研究院
13	深圳文化中心	北建院建筑设计（深圳）有限公司
14	深圳安联大厦	香港华艺设计顾问（深圳）有限公司
15	深圳福田图书馆	香港华艺设计顾问（深圳）有限公司
16	深圳新世界商务中心	北建院建筑设计（深圳）有限公司
17	深圳保利剧院	深圳市华筑工程设计有限公司
18	深港西部通道口岸旅检大楼及单体建筑（深圳湾口岸）	深圳市建筑设计研究总院有限公司
19	深圳创意产业园二期 3 号厂房改造（南海意库 3 号楼，招商地产总部）	深圳市清华苑建筑与规划设计研究有限公司
20	深圳市中心区深圳书城	深圳华森建筑与工程设计顾问有限公司
21	深圳市仙湖植物园	北京林业大学园林规划建筑设计院深圳分院 深圳市北林苑景观及建筑规划设计院有限公司

南海酒店

设计单位：深圳华森建筑与工程设计顾问有限公司

设计团队：陈世民　都焕文　刘振印　邵隆昭　胥正祥
　　　　　李雪佩

后评估团队：朱　婷　徐冠宇

工程地点：深圳市南山蛇口港

设计时间：1983 ~ 1984 年

竣工时间：1986 年 3 月

用地面积：4 万 m²

建筑面积：4 万 m²

建筑高度：38.5 m

奖项荣誉：
　　　1986 年度城乡建设优秀设计优质工程三等奖
　　　中国建筑学会建筑创作大奖（1949 ~ 2009 年）

　　　南海酒店（Nan Hai Hotel Shenzhen）是深圳首家由中国政府评定的五星级酒店，坐落于风光秀丽的深圳蛇口，背依微波山，面朝深圳湾，临近蛇口港。

　　　酒店因其巨帆般的独特建筑设计及怡人的海湾园林美景而别树一帜。南海酒店作为见证深圳改革开放的标志性建筑，具有非凡的历史价值和社会意义。

　　　南海酒店原有客房 373 间，地上 11 层，地下 1 层，总高 38.5 m²，总建筑面积 34527.64 m²，占地 4 万 m²。在使用 27 年后，于 2013 年开始改造提升，2017 年 7 月恢复营业，客房数量 208 间（以套房、家庭套间为主要产品），总建筑面积 39453.94 m²。酒店使用功能包括客房、酒店大堂、会议室、多功能厅、餐厅、体育休闲场所、庭院花园以及地下车库，等等。

南海酒店项目区位

南海酒店全景俯瞰

南海酒店十年前全景照

南海酒店使用后全景照

使用后评估（POE）报告

一、结论

以南海酒店的主要功能区域为研究对象，通过观察法、问卷调查法和访谈法从建筑设计的功能方面、城市规划的角度进行环境使用后评价调查研究，分析问题产生的原因并提出改进意见。评估功能空间与人的生活紧密联系的程度，研究人在酒店空间中的认知与行为，对其使用方式进行评价，直观准确地揭示使用者与环境的矛盾，为此建筑的改建工作提供科学的依据和经验。

二、南海酒店的调研成果

模式一　景观花园与建筑内部空间的体验

1. 原型实例：南海酒店滨海休闲景观花园（图1）。
2. 相关说明：南海酒店背依微波山，面朝深圳湾，利用周边的环境资源引景入内，提高酒店整体环境品质（图2）。
3. 应对的问题：建筑的景观花园作为城市的一部分，

图1

图2

如何将其与周边环境有机地结合在一起，创建一个和谐共赢的状态。

4.问题的解决方案：分析项目周边环境的多维度组合，取微波山之景，引入南海的水，创建一个多层次的景观体系，并引景入内，使酒店公共空间与室外空间层层递进，有机结合。具体设计表现在，酒店入口大型主题瀑布、雕塑和壁画"蛇口传说"使酒店具有浓厚的地方色彩和传统文化气息，并使其形象名片区别于其他酒店；与滨海步道结合设计休闲公园，营造近水临海的环境，给住客带来一片与世隔绝的怡人环境，休憩地带（图3、图4）。

5.使用反馈：参详调查结果（图5、图6），酒店管理者对环庭院环境设计的评价较高，分数高达96分；酒店入住客户的分数86分。问卷统计验证了绝大部分使用者对北侧广场的形象评价较好（89分；82分），体育休闲场所次之（87分；80分）。通过访谈可知，酒店管理者对庭院景观的布置设计较为满意，在满足住客的日常休闲需求的同时，也可以利用庭院举办室外交流活动，满足住客的多方面需求。而住客则对其有别于其他酒店的庭院设计印象深刻，漫步其中，眺望大海，心旷神怡。

图3

图4

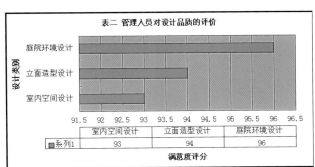

图5 调查对象对设计品质的评价

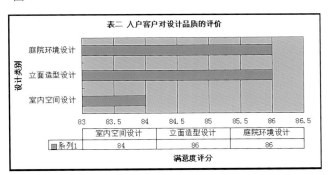

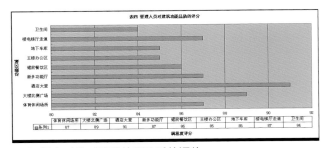

图6 调查对象对建筑使用品质的评价

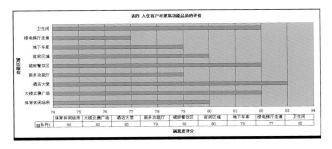

6. 该模式原型实例所体现出的相关理论："田园城市理论"。这是 19 世纪末英国专家埃比尼泽·霍华德（Ebenezer Howard，1830 ~ 1928 年）提出的关于城市规划的设想。霍华德在他的著作《明日，一条通向真正改革的和平道路》中提出应该建设一种兼有城市和乡村优点的理想城市，他称之为"田园城市"，其中心思想是使人们能够生活在既有良好的社会、经济环境，又有美好的自然环境的新型城市之中。"田园城市"追求的目标是促进城市的可持续发展，创造人与自然和谐的环境。花园城市理论要求建筑师在进行城市中的建筑设计时，应特别处理好建筑外部空间的设计，使建筑外部空间不仅服务好建筑物的内在需求，也为城市的生态环境作出有益贡献。

模式二 外立面模式与建筑外部环境的共生关系

1. 原型实例：南海酒店的立面设计（图 7）。

2. 相关说明：建筑的立面应有其独特的形象名片，使其在城市中具有绝佳的代表性。

3. 应对的问题：作为深圳市第一家五星级酒店，南海酒店承载着当时市政府的高度期许，建筑师必须在其酒店立面形象上有着立意深刻的思考，塑造城市代表性形象。

4. 问题的解决方案：建筑整体造型如乘风破浪的船帆，灵感契合业主招商局远洋轮船运输业务，象征蛇口工业区的发展面向世界市场，也暗喻了当时深圳改革开放初期"启帆远航，领航未来"的发展意愿（图 8）。

南海酒店利用形体的退变构成层次质感，即层层

图 7

退台设计，并将阳台设计成帆船的形象，创造出片片帆船出海的画面感，并由下至上，由实体渐渐弱化为虚体，不但增强了建筑体型的立体感，又使海、楼、山浑然一体。

5. 使用反馈：参详调查结果（图9），酒店管理者对立面造型设计评价较高，分数高达94分；酒店入住客户的评价尚可，分数86分。从对使用者的访谈中获悉：南海酒店外立面的造型独特美观，宏伟醒目，非常有辨识度，也可以让人深深感受到当时深圳改革历史的情怀寄托。

6. 该模式原型实例所体现出的相关理论：建筑形式美法则中的节奏与韵律的表现。节奏与韵律是音乐中的词汇。节奏是指音乐中音响节拍轻重缓急有规律的变化和重复，韵律是在节奏的基础上赋予一定的情感色彩。前者着重运动过程中的形态变化，后者是神韵变化给人以情趣和精神上的满足。

在建筑表现中，节奏指一些元素的有条理的反复、交替或排列，使人在视觉上感受到动态的连续性，就会产生节奏感。

节奏是韵律形式的纯化，韵律是节奏形式的深化，节奏富于理性，而韵律则富于感性。韵律不是简单的重复，它是有一定变化的互相交替，是情调在节奏中的融合，能在整体中产生不寻常的美感。

韵律是构成要素连续反复所造成的抑扬调子，具有感情的因素。韵律能给人情趣，满足人的精神享受，它在建筑表现中的重要作用是形式产生情趣，具有抒情意

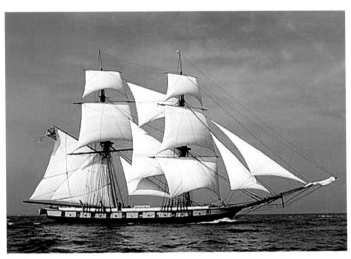

图8

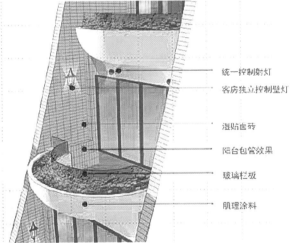

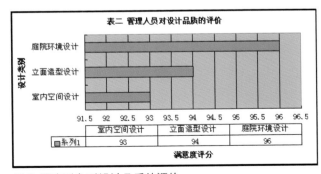

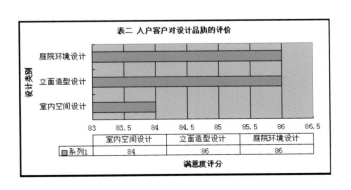

图9 调查对象对设计品质的评价

味。韵律能增强我们设计作品的感情因素和感染力，引起共鸣，产生美感，开阔艺术的表现力，所以我们在节奏与韵律法则的运用中要相辅相成。

模式三 酒店大堂的空间连续性的使用感受

1. 原型实例：酒店大堂中心区域的挑空设计（图10）。

2. 相关说明：大堂作为南海酒店对外形象的展示区域以及接待区域，应充分考虑其多功能的使用需求。

3. 应对的问题：如何组织并处理好各个功能之间的关系，并考虑公共空间与私密空间之间的分隔布置。

4. 问题的解决方案：

公共大堂空间宜尺度较大，塑造高大开敞的形象。

南海酒店首层大堂挑高4层，创造了16m高的宽敞大空间，整体透空明亮（图11）。

· 服务前台布置在辅助空间，大堂仅作为形象展示空间以及使用者休息交流的空间（图12）。

· 将入口广场、门厅、酒店休憩大堂、餐饮区的各项空间贯穿联系，使其空间最大化，弱化使用尺度较小的问题，同时加强休息区的隐私保护以及距离控制（图13、图14）。

5. 使用反馈：使用者对酒店大堂的各项指标评价较高（图15）。

从访谈住客的感受来说，使用者都较为认可大堂的空间关系布置，其私密性较好且开敞明亮。但是另外一方面，餐饮区域与大堂区域贯通处理，造成了餐饮气味的串流，不利于大堂区域的形象展示。在餐饮空间的设

图10

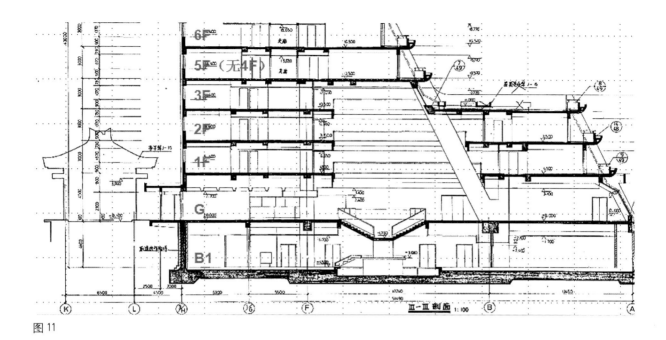

图 11

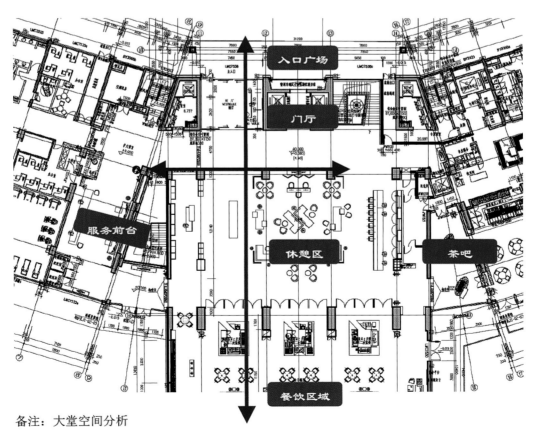

备注：大堂空间分析

图 12　大堂空间分析

图 13   图 14

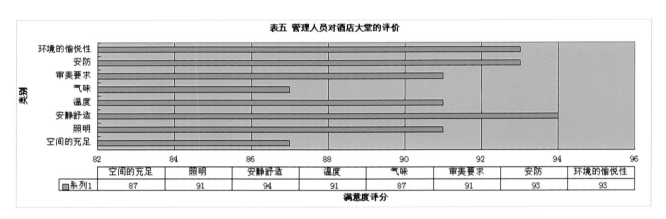

表五 管理人员对酒店大堂的评价

	空间的充足	照明	安静舒适	温度	气味	审美要求	安防	环境的愉悦性
系列1	87	91	94	91	87	91	93	93

满意度评分

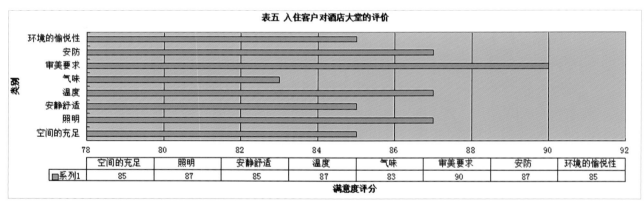

表五 入住客户对酒店大堂的评价

	空间的充足	照明	安静舒适	温度	气味	审美要求	安防	环境的愉悦性
系列1	85	87	85	87	83	90	87	85

满意度评分

图 15

计布置上，应考虑餐饮空间与大堂区域保持一定的距离，避免气味的串流。

6. 该模式原型实例所体现出的相关理论："建筑：形式、空间和秩序"。轴线是建筑形式和空间组合中最基本的方法，它是由空间中的亮点连成的一条线，以此线为轴，可采用规则和不规则的方式布置形式与空间。虽然是想象的而且除了心灵中的"眼睛"（the mind's eye）外，不能真正看到，但轴线却是强有力的支配与控制手段。

虽然轴线暗示着对称，但它需要的是均衡。各要素

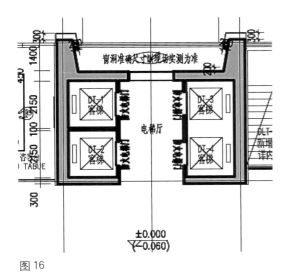

图 16

图 17

围绕轴线的具体位置，将在视觉上决定轴线组合的力量，是捉摸不定还是压倒一切，是结构松散还是有条有理，是生动活泼还是单调乏味。轴线的控制要求建筑师在塑造空间环境的同时，对各个空间的定位以及认知有一定的掌握，进而在使用者的精神层面逐渐形成对该环境场所的认同感与仪式感。

三．改进建议

1. 酒店大堂的尺度与隐私的关系

大堂休憩区域的家具布置较为紧凑，使用者在进行交流的时候容易造成噪声干扰，其使用者的隐私保护较弱。设计建议将其家具之间的尺度拉开扩大，保持一定的距离，并在每套家具之间布置一道绿化隔声屏障，既增加休憩区域的绿植布置，也保证其私密性。

2. 电梯数量与客房数量的关系

酒店一共有 208 间客房，但客梯仅有 4 部，无法满足日常使用需求。另外受到原建筑的底坑高度限制，其

电梯速度仅为 1.54m/s，不符合日常的使用频率。设计建议在其电梯厅内侧的一层到九层加设客梯到 6 部，以满足电梯的使用频率（图 16、图 17）。

四、总结

经过为期 2 周的调研，从总规上可知南海酒店的地理位置优越，立面造型以及内部空间的设计令人满意，但是酒店的设施以及功能分区随着时代的变迁以及目前国际化城市的市场需求，酒店需要通过全面翻新改造，打造出一座焕然一新的五星级酒店，使其拥有更多客房和构成更均衡的设施，从而能够更从容地应对市场需求。

从报告的结果可以看出改造后的功能以及设施提高了南海酒店的整体品质，并重新成为一个五星级酒店。针对酒店不同使用者的回访调查，从外部空间到内部空间的使用感受均得到了高度的认可。但是由于原有结构的限制，大堂空间的尺度以及电梯数量的布置仍然不能满足使用者的日常需求。

酒店建筑的设计不仅仅只是一个城市形象或者是一个城市的功能需求，更应该是为那些身处其中的使用者的真正需求所设计的场所，其概念核心在于"以人为本"

的群体共同理念并根植设计的各个方面，这样才能有更长久的生命周期。

五、使用后评估回述

本项目建成伊始，在初次评优中，经过建筑回访（接近陈述式后评估），对当初设计理念的贯彻得出了反馈研判，初步实现了反馈客户的后评估短期价值。本次后评估，明确以调查式的层次进行（包括回顾、计划、调研、分析、总结等工作阶段），并与之前的回访资料比对。证实了相关设计理念在经历多年使用考验后，仍对民众生活和建筑学具有贡献意义，并以"循证设计模式"梳理，为同类建筑设计资料库、设计标准和指导规范的更新提供一手资料。同时，梳理"可持续使用改进建议"，以促进建筑性能的持续提高和改善，延长建筑生命周期。因此，本次调查式后评估与竣工后初次评优的建筑回访关联、比对，共同实现了后评估的中、长期价值。

对使用后评估（POE）报告的点评

后评估点评专家 陈晓唐博士

深圳南海酒店是由已故建筑大师陈世民先生在 20 世纪 80 年代率领华森建筑设计团队设计，已建成三十余年并屡获重要设计奖与优秀工程奖的深圳市标志性公共建筑。对于这样一座见证了深圳改革开放历史的经典建筑开展使用后评估调研，具有极重要的意义。使用后评估证实该建筑在长期使用及升级改造后仍然保持着良好的使用状态，仍然按照初始的建筑策划及设计运行；其中使用者对于酒店退台式的风帆造型有充分的认同感；对于酒店外部庭院多层次景观及引景入内的策略也表示赞赏与肯定；对于将入口广场、门厅、酒店休憩大堂、餐饮区的各项空间贯通联系的模式，也都表示充分的认可。这些都是令人欣慰的结论。同时，使用后评估也发现，基于国内快速发展的特点，即使经过升级改造也难免因为先天不足而存在若干瑕疵。例如酒店大堂的尺度与隐私的关系、电梯数量与客房数量的关系，尚存在不协调及不够人性化等欠缺。此次的评估报告，额外增列了评估目的及方法，展示了调研的具体细节。当然，也相对削弱了成果内容，若能总结更多设计亮点及改进建议则更佳。

深圳大学演会中心

设计单位：深圳大学建筑设计研究院有限公司

设计团队：梁鸿文　雷美琴　黄志刚　区子庆　王志杰
　　　　　祁杰佳　葛俊卿　冯　铭　陈崇廉

后评估团队：梁鸿文　雷美琴　刘尔明

工程地点：深圳市南山区

设计时间：1987 年 12 月 ~ 1988 年 3 月

竣工时间：1988 年 9 月

用地面积：约 10000m²

建筑面积：约 5000m²

建筑高度：13 m

奖项荣誉：

　　　　1989 年深圳市勘察设计工程优秀设计一等奖

　　　　1991 年城乡建设系统部级优秀设计二等奖

　　　　1993 年度中国建筑学会建筑创作奖

演会中心位于深圳大学主入口广场北侧，是一座设有 1650~2000 席位的多功能演出和集会建筑，占地面积约 10000m²，建筑面积约 5000 m²。设计任务书要求按人民币 280 万元的造价建造，并在 1988 年 9 月校庆日投入使用，同时要求设计充分表达深圳大学校训所倡导的"自立、自律、自强"和创新精神。

针对项目独特的基地环境及校方对低造价、快速建造以及建筑功能和个性的要求，方案采用整体而个性化的处理手法，将建筑的空间形象构成分解为底座和屋顶两大部分，底座是建筑主体，平面布置不对称，用地方石材根据地形起伏及表演空间的功能需求筑成自由的边界，靠两入口一侧以高低错落的聚合体块形式处理，空间在水平及垂直方向流动穿插，北侧则以自然的土坡与矮墙和校园相接，观众席旁有绿化、溪流、水池、台地、路灯等构成优美轻快的庭院环境。屋顶则以轻盈的钢网架的"虚体"形象，表现新的工程技术，八根素混凝土柱支撑着简洁的平整屋面，为变化、丰富的底座空间遮光避雨，二者形成虚与实、轻与重、人工与自然、理性与浪漫的矛盾统一体。

1988 年竣工时全景照片

使用 30 年后全景照片

使用后评估 (POE) 报告

一、 结论

　　通过使用后评估，确认了深圳大学演会中心三十年来一直保持非常良好的使用状态，仍按照初始的建筑策划及设计进行运行，完全达到初始的设计目标。

二、使用后评估成果之循证设计模式

模式 1 外部环境及地域气候契合模式

　　1. 原型实例：深圳大学演会中心位于深圳大学主入口广场北侧的小山坡上，位置突出（图1～图3）。

　　2. 相关说明：演会中心是一座大学校园里的建筑，其创作应更多地包含所处的地域环境及文化环境，更多地体现亚热带建筑的个性。

　　3. 应对的问题：一些大学的演出集会建筑，都是方正而封闭的，无法体现大学生开放活泼的个性，以及与自然融合的自由氛围。

　　4. 问题的解决方案：建筑充分尊重利用地形，方案

充分利用自然台地布置入口空间、观众席及席旁台地、舞台与后台部分，使趣味性的功能与原有地形变化紧密结合（图4），尽量模糊建筑空间与场所的边界，自然与人工环境相生而高度契合（图5～图7）。

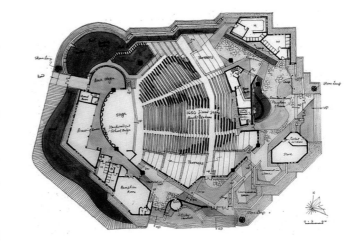

图 2 首层平面图

图 1 总平面图

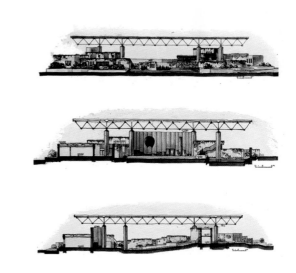

图 3 立、剖面图

图 4 建筑与环境有机融合

图 5 北侧低矮墙体与室外环境融为一体

图 6 西面墙外的水池、绿化

图 7 后台入口, 西北角的"龙泉"(30 年前后)

图 8 流动相接的门厅及休息厅 (30 年前后)

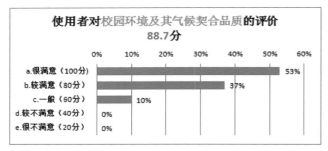

图 9

建筑表达适应当地气候特征, 低矮墙体不规则地布置, 同时满足了声学、视线和通风需求, 巨大的屋顶犹如一个凉棚覆盖着底座的使用空间, 墙体上部的空缺和下部设置的通风洞穴, 使观众厅在烈日之下, 内部仍可凉风习习(图 8)。

5. 使用反馈: 使用后评估问卷统计验证了绝大部分使用者对演会中心与周围环境、地域气候相契合的品质评价较高(图 9), 均认可建筑的可识别性、进出便利性, 对比其他演出会议建筑, 更喜爱本建筑。

6. 该模式原型实例所体现出的相关理论: 批判性地域主义。1951 年, 建筑理论家芒福德(Leuis Mumford)第一次提出一种当地本土和人道的现代主义建筑形式，比当时盛行的国际风格要高明得多。批判性地域主义建筑是基于特定的地域自然特征、建构地域的文化精神和采用适宜技术经济条件建造的建筑。吴良镛先生的观点是："批判性地域主义建筑理论的实质在于它既能充分地结合地域建筑的文化内涵，又能长远地发扬时代批评和创新精神。"

模式2 内部功能空间与装饰、环境高度融合模式

1. 原型实例：演会中心既要满足多功能用途，又要取得自由奔放、趣味盎然的建筑效果。

2. 相关说明：演会中心是一座供师生日常活动的多功能建筑，其内部空间的创作应更多地包含其文化特质。

3. 应对的问题：一些大学的演出集会建筑，其功能单一，使用率不高，无法满足大学生丰富多彩的活动需求。

4. 问题的解决方案：本建筑的空间划分与布置为使用提供了灵活性，可满足不同规模的集会、表演、排练、电影、游憩、展览、茶座等多方面的要求（图10）。建筑师在建筑设计时，同时设计环境与装饰，在建筑空间内自然地植入景观、壁画、雕塑、铁艺等多种艺术形式，以此强化和提升场所的文化属性。如小溪水池、喷泉壁画带来环境趣味，舞台背壁和放映室墙体上的起伏装饰是为满足高低频音响的反射和吸收要求而设，同时使整个建筑更活泼。本建筑是一座名副其实的绿色建筑，建筑师力求创造一个自然简朴、绿色有趣的环境：采用自然通风采光，不设空调，使用电声，雨水收集存储于水池，既作为景观水池，又满足消防用水要求（图11～图13）。

图10 功能空间

图 11 自己动手塑造屋檐上的"龙泉"

图 12 喷泉壁画"山涧"

图 13 龙泉、水溪和路灯

5. 使用反馈：使用后评估问卷统计验证了绝大部分使用者对演会中心的功能空间、装饰与环境的趣味性非常满意（图 14），建筑给使用者带来了愉悦的体验，是喜爱认同该建筑的重要原因。

6. 该模式原型实例所体现出的相关理论：日常都市主义。日常都市主义与新城市主义、后都市主义被称为当代城市主义的三大主流范式。日常都市主义是其中最具开放性和平民色彩的，起源于 1970 年代的社区设计运动。日常都市主义积极地呼吁保护地方的特色街道与建筑，延续充满活力和多文化融合的邻里街区生活方式。

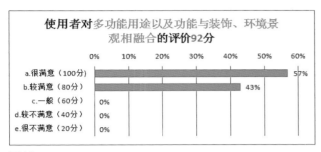

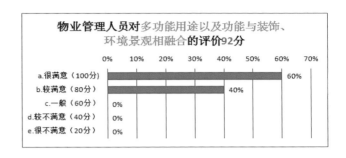

图14

模式3 建筑材料体现建筑主题表达模式

1. 原型实例：演会中心的建筑材料主要取材于当地，有利于节省造价、满足工期要求。

2. 相关说明：演会中心是一座整体简洁丰富的建筑，其材料的选取应更多地体现其本土文化内涵。低造价、低维护成本，是当年校园建筑追求的目标。

3. 应对的问题：一般的演出集会建筑，其外部装饰多是铝板或幕墙等高造价材料，难以做到亲切活泼、自然有趣。

4. 问题的解决方案：演会中心的主材为本地花岗石材、素混凝土、钢结构屋顶（图16、图17），简洁而朴素，局部增加背景墙、座椅等一些色彩元素点缀（图15，图18～图21），活泼自然。同时，整个建筑与外部景观的开放处理与内部景园的穿插，使建筑成为自然的一部分，内外交融，互为借景（图22，图24）。

5. 使用反馈：使用后评估问卷统计验证了绝大部分使用者对演会中心的内外墙用材比较满意（图23），粗犷的石材墙体历经岁月的洗礼，轻盈的钢网架经历了大台风的考验，依然完好。

6. 该模式原型实例所体现出的相关理论：场所理论。挪威著名城市建筑理论家诺伯－舒尔茨（Christian Norberg-Schulz）提出了"场所精神"（Genius Loci）的概念，挑战现代主义对建筑的理解与定义。"场所精神"认为：所有独立的本体，包括人与场所，都有其"守护神灵"的陪伴，这种灵性也决定了其特性与本质。演会中心的设计记录了一个时代中国建筑师的实践与思考，其设计模式从对"场所"的理解和"场所精神"的构建出发，在现代主义建筑理念框架下，融入了地域主义实践思考，反映了中国建筑师对建筑及其本质的理解和认识。

图15 观众厅座位与放映区（30年前）

图16 观众休息厅（30年前）

图 17 观众休息厅

图 18 观众厅座位与放映区

图 19 舞台上的装饰徽章
图 20 被采用的校徽的装饰图案

图 21 1988 年建成校庆庆典活动现场

图 22 观众席、舞台侧壁与室外绿化互为
借景

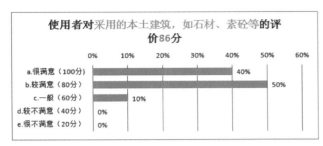

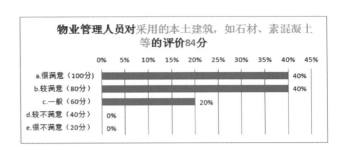

图 23

三、使用后评估成果之可持续使用改进建议

深圳大学演会中心已建成使用了30年，在2013年，校友出资委托艺术学院对演会中心进行了修缮。主要内容包括：舞台增加LED大屏幕、改进灯光音响及舞台设备，观众厅和休息厅的地面面层改为较平整的仿石地砖、更换座椅并在活动看台区装上固定座椅（改造后总座位数为1983座），后台屋顶上增加部分使用面积，北侧水溪底及侧部改贴马赛克等。

结合此次使用后评估的专题调研，提出以下改进建议：

1. 增设残疾人坡道和座位

在演会中心东侧入口台阶的北侧，可增设残疾人坡道（图25、图26），并将观众厅最后一排改设为较宽敞可供轮椅停靠的残疾人座位，改出残疾人卫生间。

2. 将铁花门的固定扇改为向外开启扇

演会中心目前是拥有1983座的演出集会多功能建筑，根据疏散宽度要求的计算复核，建议将南面两处、东面一处的出入口铁花门的固定扇，改为向外开启扇（图27、图28），以满足日益提高的使用要求。

3. 恢复原设计效果

本建筑设计初衷有三点未得到有效贯彻，希望未来

图 24 铁花门（30年前后）

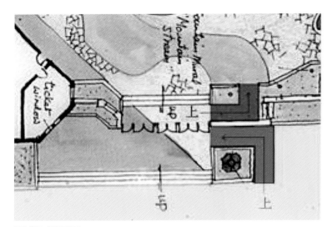

图 25 平面图

图 26 实景示意图

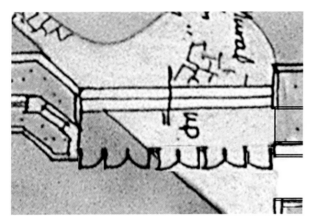

图 27 平面图

图 28 实景示意图

适时斟酌改进恢复。一是水溪改造后用材为平整光滑的马赛克和玻璃，与原建筑设计粗犷、简朴自然的造型和质感不统一；二是原设计的水体和艺术装饰，如喷泉壁画、水溪水池等是消防水系统的组成部分，而屋顶东北角的龙泉是本建筑在1988年龙年建造投入使用的纪念，从龙口向下喷水，引起同学们一片欢呼，现在却找不到喷泉控制阀，应予恢复；三是观众厅座位纵向疏散通道前10排的地面，应取消低矮的台阶，改回原设计的坡道（图29~图31）。

本次深圳大学演会中心建筑后评估研究意义重大，建筑师用设计的语言，让师生深刻感受到深圳大学开放创新的理念。30年来一直高频率使用，运行良好。使用后评估研究提出新的改进建议，将进一步促进建筑物使用的可持续发展。

四、使用后评估回述

本项目建成伊始，在初次评优中，经过建筑回访（接近陈述式后评估），对当初设计理念的贯彻得出了反馈研判，初步实现了反馈客户的后评估短期价值。本次后评估，明确以调查式的层次进行（包括回顾、计划、调研、分析、总结等工作阶段），并与之前的回访资料比对。证实了相关设计理念在经历多年使用考验后，仍对民众生活和建筑学具有贡献意义，并以"循证设计模式"梳理，为同类建筑设计资料库、设计标准和指导规范的更新提供一手资料。同时，梳理"可持续使用改进建议"，以促进建筑性能的持续提高和改善，延长建筑生命周期。因此，本次调查式后评估与竣工后初次评优的建筑回访关联、比对，共同实现了后评估的中、长期价值。

图 29 水池壁画　　　　图 30 水溪　　　　图 31 观众座位地面

对使用后评估（POE）报告的点评
后评估点评专家　于天赤

　　空调的发明解决了夏天炎热的问题，建筑设备的进步改善了建筑的功能，也隔绝了人与自然的联系。人们在越来越"弱不禁风"的同时，建筑消耗了大量的能源，产生越来越多的二氧化碳。在今天全球气候变暖的前提下，建筑师们开始反思原有的设计逻辑。

　　深圳大学演会中心给我们展示的是这样一组设计逻辑：首先是依据地域的气候条件制定设计策略，其次是因地制宜采取设计方法，最后是以技术的手段加以完善。针对深圳地区"热、湿、闷"的气候特点，采用"绿""荫""透""水""材"的设计方法。"绿"：在建筑四周及围墙植以大树及爬藤，阻隔噪声，改善微环境；"荫"：网架屋顶四周出挑很大，为演会中心形成一个硕大的阴影区，阻挡炎热的直射阳光，营造清凉的环境；"透"：演会中心的围墙不到顶呈半围合，加之错位布置，有利于自然风的引入，屋顶边缘切角呈"反宇向阳"，有利于侧向自然光的引入；"水"：在演会中心外围设计水景，一方面增加景观层次，另一方面可以蓄热凉爽；"材"：选用本地石材，粗犷叠砌，装饰小品点缀其中，刚中兼柔。

　　在后评估调查中发现，夏季期间部分观众席有些热，可通过增加吊扇的方法解决。如果利用网架屋顶增设太阳能光电，发出的电不仅可以满足自身的使用，可能还有较大的盈余，让它变成一座"正能量"建筑。

　　演会中心历经 30 年仍然正常使用，符合当今"适用、经济、绿色、美观"的设计方针。一座以自然理念建造的演会中心，不仅是深圳早期建筑设计的骄傲，也是深大学子们独特的记忆。

深圳发展银行大厦

设计单位：香港华艺设计顾问（深圳）有限公司

合作单位：澳大利亚 PEDDLE THORP 建筑师事务所
方案合作设计

设计团队：陈世民 林 毅 梁增钿 吴国林 潘玉琨
王晓云 王 恺 刘连景 韩 琳

后评估团队：林 毅 孙 剑 刘连景

工程地点：深圳市深南大道

设计时间：1992～1993 年

竣工时间：1998 年 12 月

用地面积：0.99 万 m²

建筑面积：7.23 万 m²

建筑高度：143m（总高度 178m）

奖项荣誉：

1998 年深圳市第八届优秀工程设计奖（建筑设计
及规划）二等奖

1996～1998 年度中国建筑优秀工程设计奖一等奖

1999 年广东省第九次优秀工程设计奖（工业与民
用建筑）二等奖

中国建筑学会建筑创作大奖（1949～2009 年）
建筑创作大奖

深圳市 30 年 30 个特色建设项目

　　用崭新的设计观念创造富于特色的银行建筑城市空间形象。

　　以现代人的社会生活为本，创造银行建筑内部营业空间和办公空间。

　　深圳发展银行大厦（现为深圳平安银行大厦）最基本的设计特点是以城市空间的要求来塑造自身，并与环境构成一种和谐中寻求对比的关系。项目基地紧临金融中心大厦，又是由西向东城市主干道南侧一系列高层建筑的起点。设计以此为契机，将大厦构筑成由西向东步步向上的阶梯体块，辅以倾斜向上的巨大构架，以此寓意"发展向上"，使之成为深圳最具特色的建筑。设计的风格体现"高技术"的审美趣味，采取超越地域的建筑语言，表达一个"当代"的空间形态。试图表现改革开放后股份制商业银行的独特风格，表现深圳第二个十年的经济发展和发展银行的独特个性。

　　深圳发展银行大厦建成使用后，其独特的建筑造型、有序的城市空间关系及合理的内部空间布局，不但给使用者带来方便和较好的经济及社会效益，同时提高了整个街区的环境质量，成为城市的优美景观，受到社会各界的普遍好评。

十年前建筑全景照

现状全景照

使用后评估（POE）报告

一、结论

通过使用后评估明确深圳发展银行大厦在使用 20 年后仍保持良好的使用状态，仍按照初始的建筑策划及设计运行。

二、使用后评估成果之循证设计模式

模式 1 以"发展"为隐喻的设计模式

1. 原型实例

建筑造型构筑成由西向东步步向上的阶梯体块，辅以倾斜向上的巨大构架，以此寓意"发展向上"。

2. 相关说明

建筑外观与周边街区环境风貌的整体融合并充分展现了个性、科技性和时代性，沿着这三性，谨慎地选用建筑语言，组合建筑空间。

3. 应对的问题

在大厦的建筑创作过程中，业主要求大厦的建筑风格要体现股份制银行而非国家银行的性质和自身形象，并具有持续发展的眼光，使大厦能有较长时期而不是 3 ~ 5 年的适应性。

4. 问题的解决方案

如何在功能布局合理使用的基础上，充分展现个性、科技性和时代性，必须谨慎地选用合适的建筑语言来组合建筑空间。

为了体现建筑个性，在周围现有方块的传统建筑中，采用梯形砌块的基本形态，与现有金融中心和农业银行的建筑文脉有所延续，同时又突显自己的个性，节节上升发展之势的寓意，与周边的环境达到了和谐中又构成对比的特色。

为了表达建筑科技性，除沿用统一的柱网组合简捷的体量和内部空间外，还用一组倾斜向上的不锈钢巨型构架来体现建筑物强劲的力度和力学的均衡与和谐，加以规则而有韵律的幕墙和花岗石饰面搭配，来表达对新世纪的敬意。

为了反映时代性，记录下改革开放后深圳第二个十年的经济腾飞，把大厦属于银行本身的建筑和属于由于使用蔡屋围用地而需要补偿给当地的商业建筑明显地区分开但又自然地组合在一起，这正好是合作建房的特征；对于银行大厦则又把营业厅和大厦入口大厅并排分开，并结合城市绿化，区分步行和车行区域，形成具有开放和文化气氛的现代城市环境。

5. 使用反馈

使用后评估发现深圳发展银行物业管理公司对大厦评价较高，具体内容如下：从整个建筑来看，设计高雅别致，造型新颖，简洁大方，有现代气息。西立面自下而上阶梯形设计，安排空中绿化平台，既丰富了立面，又增加了使用者的活动空间。

6. 该模式原型实例所体现出的相关理论

隐喻主义作为一种系统的理论是在 20 世纪 70 年代才提出的，但隐喻这种思想很早就存在于建筑中了。

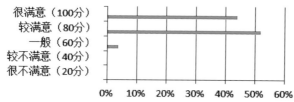

图1

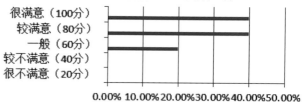

图2

图 3

图 4

图 5

图 6

图 7

图 8

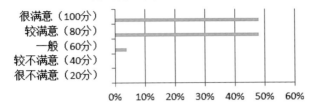

图 9

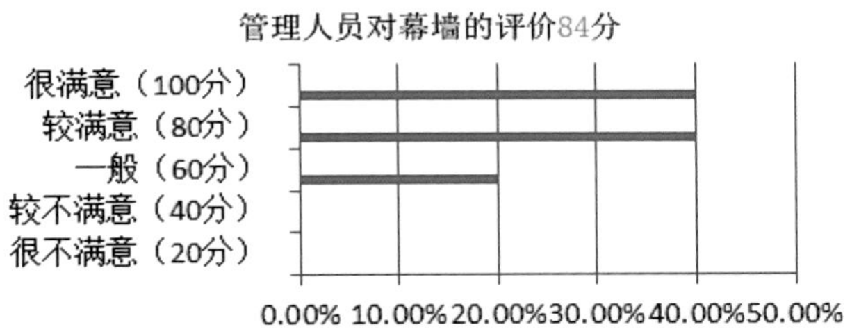

办公客户对幕墙的评价88.8分

图 10

管理人员对幕墙的评价84分

广义上说建筑是一种形式语言，它是通过形式上的象征向人们暗示建筑的内涵，但我们所说的隐喻不是指这种广义上的象征，而是指建筑师通过特殊的建筑造型和空间处理方法，或者引用历史片断来暗示建筑与传统文化、与人以及自然、历史的关系。

模式 2 建筑立面色彩与周边建筑环境协调模式

1. 原型实例

温馨高雅的香槟红幕墙立面。

2. 相关说明

建筑立面与周边建筑群统筹协调，在与环境构成的和谐中寻求对比关系。

3. 应对的问题

如何在千篇一律的玻璃幕墙中寻求突破，在不破坏城市整体性的条件下选择美观、和谐的建筑色彩。

4. 问题的解决方案

取"高技派"的建筑风格，外立面以斜撑、桁架、构架表现出力的传递和走向。外表反射香槟红玻璃幕墙和金属构件交相组合，处处表现出大体量中的丰富而精致的建筑细部。采用温馨高雅的香槟红玻璃幕墙，符合时代性与前卫的"发展"理念，在建筑群中辨识性较高，展示出建筑个性的同时为城市景观增添一抹亮色。

5. 使用反馈

通过问卷调查与询问，验证了群众对建筑立面设计

的认可，香槟色的玻璃幕墙使得建筑的辨识度较高，对城市立面的视觉体验有很好的提升。

6. 该模式原型实例所体现出的相关理论

让·菲利普·朗克洛的色彩地理学理论在肯定自然地理条件作用的同时，也强调人文地理因素的影响，两者缺一不可。作为建筑的构成要素，不同类型住房的色彩是就地取材与当地传统惯用色彩紧密作用的结果。建筑色彩应秉承整体环境优先原则，只有和周边环境彼此尊重，才能取得和平共处、协调一致的效果。

模式 3 突出现代城市特征的内部空间模式

1. 原型实例

五层高开敞的营业大厅空间。

2. 相关说明

为了反映时代性，作为中国改革开放后的首家股份制商业银行改革开放后的建筑特征，大厦有意识地突出现代城市的空间特征和环境氛围的创造。

3. 应对的问题

如何体现"高技术"的审美趣味，表达一个"当代"的空间形态，寻求特色的内部空间。

4. 问题的解决方案

设计试图在银行最主要的内部空间中寻求特色，五层高的营业大厅高大宽敞，是深圳所有银行营业大厅中最为壮观的空间，现代、稳重而又不同凡响，显示大厦

图 11

图 12

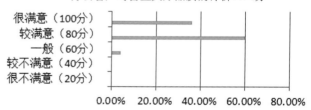

图 13

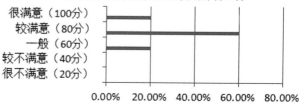

图 14

公众、开放的特点，表达出足够的社会公信力，给予市民足够的信心。塔楼办公大堂与银行营业大厅并列布置，办公楼层西端在竖向上分台错列的三个玻璃空中庭园，由树木花草构成的共享空间，贯通数层，构成办公层的公共空间，形成富于南国情调的办公环境，使传统单间分隔的办公室转化为现代、舒适、人与自然交融的智能办公空间。

5. 使用反馈

通过问卷调查验证了使用者对营业大厅的空间品质评价较高，空间氛围符合现代城市特征，高大宽敞的营业大厅能表达出足够的社会公信力。

6. 该模式原型实例所体现出的相关理论

诺伯格–舒尔茨的场所理论。空间是构成场所的重要元素。传统的建筑理论一直企图从具体的、定量的角度界定空间，如三维的几何空间。但是，空间不仅仅是数学的概念，建筑现象学重新对空间加以界定，使空间具有全新的内涵：所谓空间，就是容纳人们日常生活的经历的三维整体。它因而具有质量和意义，而"特征的"就是场所更为普遍和具体的意义。一方面，它意味着更为综合的、全面的、整体的气氛，另一方面是具体的、实在的形式和限定空间元素的实质。

三、使用后评估成果之可持续使用改进建议

1. 建筑的地下车库是按照当时的规范设计，如今的使用者反映地下车库的车位十分有限。建议增加机械停车位以满足停车需求。

2. 建筑入口广场做停车场使用，人车混行，直接影响空间品质，同时有较大的安全隐患。建议布置花园广场，规划人行流线。

3. 据使用者反馈，电梯老旧不够人性化，等待时间较长。建议更新更加智能、更加人性化的电梯，提高电梯运载能力。

图 15 地下停车位有限

图 16 利用机械停车显著增加停车位

图 17 混乱的入口广场现状图

图 18 优化的入口广场意向图

图 19

四、使用后评估回述

本项目建成伊始，在初次评优中，经过建筑回访（接近陈述式后评估），对当初设计理念的贯彻得出了反馈研判，初步实现了反馈客户的后评估短期价值。本次后评估，明确以调查式的层次进行（包括回顾、计划、调研、分析、总结等工作阶段），并与之前的回访资料比对。证实了相关设计理念在经历多年使用考验后，仍对民众生活和建筑学具有贡献意义，并以"循证设计模式"梳理，为同类建筑设计资料库、设计标准和指导规范的更新提供一手资料。同时，梳理"可持续使用改进建议"，以促进建筑性能的持续提高和改善，延长建筑生命周期。因此，本次调查式后评估与竣工后初次评优的建筑回访关联、比对，共同实现了后评估的中、长期价值。

对使用后评估（POE）报告的点评

后评估点评专家 沈晓恒

深圳发展银行大厦是深圳 20 世纪 90 年代建成的优秀建筑，由澳大利亚 PEDDLE THORP 建筑师事务所与香港华艺设计顾问（深圳）有限公司合作设计。该建筑坐落于深圳市深南大道的东段，紧邻金融中心大厦，由西向东是此段一系列高层建筑的起点。自建成并投入使用近 20 年来，获得了大小各类设计奖项，其具有现代特征的独特造型给公众留下了深刻的印象，并保持着良好的使用状态。

在深圳发展银行大厦的后评估报告中可以看到，当年的设计意图在现今的使用过程中得到了良好的体现：以"发展"为隐喻的设计模式，建筑造型要体现出股份制银行的性质和形象，在既有的环境中较好地融合并凸显自己的个性，体块节节升高的造型很好地达到了这一目标，并延续了行业"高技派"风潮；立面色彩与周边建筑协调模式，让建筑采用了温馨高雅的香槟红色幕墙，带来了辨识度较高的建筑立面；而突出现代城市特征的内部空间模式，为建筑带来了五层高开敞的营业大厅空间，以及多个空中庭院，为大厦的使用者带来了舒适的空间感受。在报告的使用改进建议中，提到了车库车位不足、场地人车混行及电梯老旧等问题，这也是目前国内使用时间较长的办公建筑面临的普遍性问题，通过对这类问题的反思和针对性的改进措施，恰恰也是后评估报告所希望带来的对行业有所改善的长期价值。当然，如果能有更为详细的数据分析则更佳。此外，对于报告的循证设计模式，若能增加办公空间的使用者对功能的评价这一角度则更完善。

深圳五洲宾馆

设计单位：深圳大学建筑设计研究院有限公司

主创设计师：黎 宁

设计团队：张道真 曹 卓 邓德生 程 权 姚小玲
雷美琴 傅学怡 陈宋良 王建俊 孟祖华
连建社 谢 蓉 武迎建 温亦兵 郑艰超
唐 进

后评估团队：黎 宁 孙露婷 范敏慧

工程地点：深圳市福田区新洲深南立交西南角

设计时间：1995 年 10 月 ~1996 年 7 月

竣工时间：1997 年

用地面积：47304m²

建筑面积：47029m²

建筑高度：52.7m

获奖荣誉：

1998 年 深圳市优秀设计二等奖

1999 年 广东省优秀设计二等奖

五洲宾馆东面鸟瞰图 (15 年前)

五洲宾馆是以接待来深的外国国家元首、政府官员、商务文化和民间团体贵宾为主，以接待国内外高级别宾客为辅的政府迎宾馆。等级相当于五星级酒店，在具备五星级酒店所应有的主要设施的基础上，重点配置了宴会厅、会见厅、国际会议厅、舞厅等举行各种外事活动的功能空间；同时专门配置总统套房、总统专用餐饮、健身活动中心等内容。宾馆既可举行大型庆典活动和接待国家最高级别的贵宾，又具备举行各种会议、会见、宴会、舞会、小型表演等活动的硬件设备。平时还可对外营业，接待非政府的高级人士。

五洲宾馆东面鸟瞰图（现在）

使用后评估（POE）报告

一、结论

通过后评估，五洲宾馆项目竣工 21 年以来一直保持良好的状态，仍按照初始的建筑策划及设计进行运行，并完成了节能改造，节能检测达标。

二、使用后评估成果之循证设计模式

（一）国宾馆外事接待功能与非接待功能的协调

1. 原型实例：以外事接待功能为主，与非外事接待功能相互协调，协同并行。

2. 相关说明：五洲宾馆作为国宾馆，不但应符合五星级宾馆的标准，还应具有可以接待各种等级、规模的外事活动的硬件设施。包括宽敞的大堂、过厅、走廊、休息廊、多功能厅（兼大宴会厅）、国际会议厅、会见厅、中西餐厅、桑拿、健身房、游泳池，以及 2 个总统套间、总统健身区（含健身房、游泳池、休息厅）。除了外事接待任务以外，在日常运营中，须同时满足大中型会务活动、展览、招商和高级交流聚会活动、高等级的住宿需求。这些功能互不干扰，互补、协调，为宾馆的运营带来可观的效益。

3. 应对的问题：外宾接待作为国宾馆的主要功能，其仪式性、舒适性和安全性放在设计的第一位，但作为国宾馆，不可能天天有外事活动。为了充分发挥宾馆的软硬件特殊优势，要寻求宾馆特殊功能的合理有效利用。当接待任务与日常运营同时进行时，应优先保证外事活动，通过管理加以控制。无外事活动时，应保证住宿与会务活动能正常进行、互不干扰，设计应该确保两者所需的功能空间独立而互不干扰，人员动线区分清晰。

4. 问题的解决方案：首先必须满足接待国宾外事活动的各项要求，包括空间、功能和各项活动的交通流线、安全的考虑，同时外事活动时应通过管理，分不同等级

限制非外事活动的进行。无外事活动时，主要有住宿和会务活动，通过功能分区和双入口设计将参加会务活动的人群和住宿的人群分离，最大限度地减少不同功能的相互干扰。

5. 使用反馈：竣工使用至今 21 年来，宾馆已接待数百次元首级高等级外事活动，1000 多次大型会务活动和上万次中型会务活动。面对各种复杂的使用情况，宾馆管理者和中外使用者反映良好，完全满足宾馆的多层次、高等级使用要求。

6. 该模式原型实例所体现出的相关理论：《The Architectural Project》Chapter2:Description Generation、Chapter7:Elements of Composition 理论。由于五洲宾馆属于综合型的国宾馆，有别于钓鱼台国宾馆和上海西郊宾馆，它的功能比国宾馆和商务宾馆更复杂，设计要求明确定位宾馆的性质，选定合适的标准，详细分析各种功能的使用特征和共性，从而用分区设计理论和设计灵活性原则将各种功能归类整合并进行垂直和水平功能分区，同时安排好交通流线分区，保持使用的良好状态。

（二）外部环境运用与营造对国宾馆品质的提升

1. 原型实例：在交通繁忙的深南路和新洲路交叉处这一特定城市环境下总体布局如何保证国宾馆环境的安静和国宾馆形象特征。

2. 相关说明：五洲宾馆紧靠市区主干道交叉口，通过总体布局、场地设计、环境营造，做到闹中取静，并形成建筑的形体特征，彰显国宾馆特点。

3. 应对的问题：五洲宾馆位于深南新洲立交西南侧，紧邻城市繁华的主干道。为保证宾馆品质，必须解决城市噪声和周边建筑现实干扰对宾馆的影响，在有限的用地内营造高品质的宾馆外部环境。

4. 问题的解决方案：五洲宾馆位于市区主干道交叉口深南新洲立交西南侧，北有已建成的人民大厦，这对宾

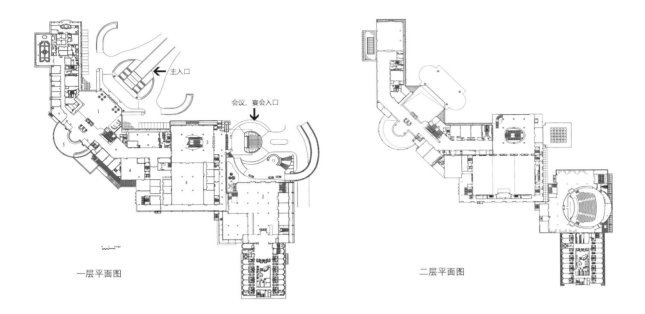

一层平面图   二层平面图

主入口

馆有较大的视线干扰。西南面被高尔夫球场环抱，是优良的景观资源。建筑尽量靠近西南侧高尔夫球场布置，远离主干道噪声源和视线干扰。宾馆中轴线上的主入口内凹并面向东北方向朝向深南新洲立交，退让出宽敞的前广场；深南新洲立交比较低矮，不会遮挡宾馆视线，保证建筑中轴线视野开阔。客房体量成两翼在主入口两侧展开，均以

退台的山墙面朝向主干道，保证客房能避开主干道噪声和视线干扰，减少山墙面与街道的相互影响，并形成张开双臂欢迎宾客的宾馆建筑形态；同时，争取将更多的客房面向高尔夫球场，充分利用景观资源。

五洲宾馆主入口设计没有按传统商务酒店做法，直接向城市道路开敞，而是远离建筑主轴线设计了一条入

主入口大堂

会议、宴会入口

会议、宴会入口大厅

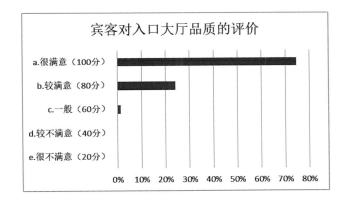

宾客对入口大厅品质的评价

a.很满意（100分）
b.较满意（80分）
c.一般（60分）
d.较不满意（40分）
e.很不满意（20分）

0% 10% 20% 30% 40% 50% 60% 70% 80%

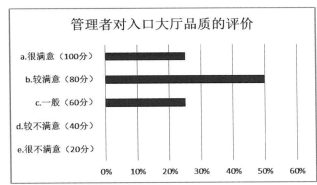

管理者对入口大厅品质的评价

a.很满意（100分）
b.较满意（80分）
c.一般（60分）
d.较不满意（40分）
e.很不满意（20分）

0% 10% 20% 30% 40% 50% 60%

鸟瞰图（15 年前）

鸟瞰图（现在）

入口引道

宁静的宾馆前广场

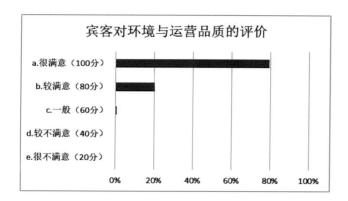

大堂吧窗外景观

餐梯

口引道，引道两侧种植高大乔木，客人从喧闹城市环境通过引道逐渐过渡到开阔宁静的宾馆前广场，再经过宽敞高大的入口进入宾馆大堂。

5. 使用反馈：总体布局和建筑形体特征是设计中标的重要因素之一，方案比较圆满地解决了特殊场地条件下国宾馆需要解决的一系列问题，经过 21 年的使用检验，反馈信息效果与设计初衷比较一致，受到宾馆和使用者的多方好评。

6. 该模式原型实例所体现出的相关理论：《Site Planning》Chapter1：The Art of Site Planning，《Programming for design》Chapter6：Gathering and Analyzing Information。

会见厅窗外景观

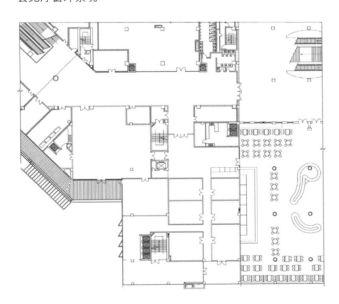

一层餐厅与餐梯位置示意图

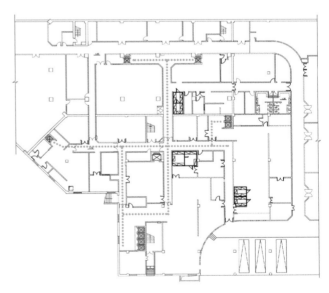

负一层厨房送餐廊、餐梯示意图

（三）对周边景观最大限度的利用

1. 原型实例：五洲宾馆对场地周边景观资源做了最大限度的利用。

2. 相关说明：五洲宾馆作为位于城市中心的国宾馆，景观资源限定多，但优势是紧靠深圳高尔夫球场，需善加充分利用。

3. 应对的问题：作为大型综合型的国宾馆，后勤服

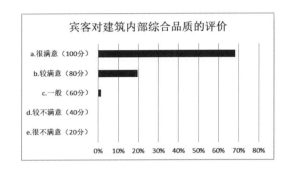

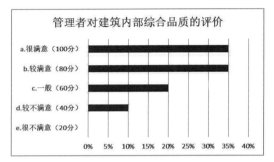

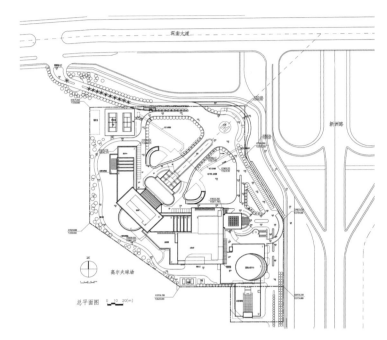

新增后庭院鸟瞰图

务空间较多，面积较大，如餐厅附近通常布置厨房、备餐间、送餐廊等诸多后勤空间，必然遮挡使用空间的视线，影响客人的使用感受，影响建筑的外立面。

4. 问题的解决方案：宾馆西侧和南侧朝向高尔夫球场，环境优美。建筑中除客房外，还有较多对环境要求高的空间，如会见厅、大堂、大堂吧及餐厅等，设计应对优质景观资源善加利用。

设计采取有效措施打破以往宾馆设计思路，将厨房后勤用房等遮挡视线的空间转移到重要功能用房的下部，使之既可直接对外通风采光又不遮挡客人的视线，不影响建筑外立面。将送餐廊设在餐厅、会见厅、宴会厅下部，通过专用送餐廊和多部餐梯将食物分别送至上部各个餐厅、会见厅、宴会厅，从而解决宾馆餐厅的厨房、后勤用房和后勤送餐路线阻挡视线以及送餐流线与客人交叉的问题。

5. 使用反馈：由于从设计方案开始就特别注意了避免出现厨房、后勤、送餐廊等后勤用房和流线对宾馆主要使用房间视线遮挡和送餐流线与客人流线交叉的问题，通过采取一系列设计技术措施，圆满解决了问题，保证了国宾馆的用餐环境和宾馆内部空间环境的体面，也保证了宾馆外立面的干净，受到宾馆管理者和使用者的好评。

6. 该模式原型实例所体现出的相关理论：

《Hotel Panning & Design》,Chapter19:Service Areas, Chapter21:Special Systems。

三、使用后评估成果之可持续使用改进建议

1. 设计时考虑了国宾馆的各种特殊要求，但对宾馆行政管理用房的工作环境缺乏调研，导致各管理部门人员办公都在管理相关位置就近分散解决，管理人员管理方便，但相互联系不便，办公环境参差不齐。建议宾馆根据使用情况将办公人员适当集中，并改善工作环境。

2. 五洲宾馆设计初期，甲方未提出将来扩建的需求，设计时，由于场地面积限制也没留出未来扩建余地。宾馆竣工使用三年后发现，客房作为重要经济收益来源，间数太少（250间），要求扩建，并于2000年在原用地边上征收一块用地，进行了二期工程扩建（由深大设计）。

后庭院

由于一期设计时未考虑扩建，给扩建设计带来一定困难。

3. 总平面设计时，由于场地面积限制，将宾馆布置在靠近高尔夫球场的一面，从而留出大片的室外空间作为宾馆前广场，保证了前广场的开阔、大气，但后院的室外园林面积较小，导致宾馆缺少客人散步、休闲的外部空间，建议改善宾馆后院空间环境（现已增加后院园林空间）。

四、使用后评估回述

本项目建成伊始，在初次评优中，经过建筑回访（接近陈述式后评估），对当初设计理念的贯彻得出了反馈研判，初步实现了反馈客户的后评估短期价值。本次后评估，明确以调查式的层次进行（包括回顾、计划、调研、分析、总结等工作阶段），并与之前的回访资料比对。证实了相关设计理念在经历多年使用考验后，仍对民众生活和建筑学具有贡献意义，并以"循证设计模式"梳理，为同类建筑设计资料库、设计标准和指导规范的更新提供一手资料。同时，梳理"可持续使用改进建议"，以促进建筑性能的持续提高和改善，延长建筑生命周期。因此，本次调查式后评估与竣工后初次评优的建筑回访关联、比对，共同实现了后评估的中、长期价值。

前广场中轴线景观

对使用后评估（POE）报告的点评

后评估点评专家 侯 军

深圳五洲宾馆是在 1997 年 7 月 1 日迎接香港回归祖国之前竣工完成的以接待来深国家元首、政府官员和各级贵宾为主的政府迎宾馆。其坐拥中心区得天独厚的地理位置和别具一格的建筑风格成为引人注目的国宾馆，获得社会各界和建筑业内的广泛好评，曾获得过 1999 年广东省优秀设计二等奖与 1998 年深圳市优秀设计二等奖。

对这样一座代表深圳改革开放阶段成果与深圳发展水平的迎宾馆建筑开展使用后评估，本身就扩大了建筑使用后评估的实践领域，具有很大的挑战性。本评估报告令人信服地表明使用后评估适用于所有建筑与建成环境，是建筑师提高创作水平、检验设计初心与实际效果符合程度的有效途径，也是建筑师总结与发现设计成败、方案优劣所必需的反馈环节。同时我想特别指出的是，使用后评估也是开展令人信服的建筑评论的最佳途径之一，因为通过使用后评估的调研、回访，可以较广泛、随机地了解公众、管理者与专家的意见，避免少数人主观性臆断，或仅仅从某一角度出发而得出有失偏颇的结论，是经过论证的与经过一定的科学程序分析而得出的较客观的结论，自然就具有较高的可信度。

从本评估报告可以看出，包括总体布局避开主干道噪声与视线干扰、建筑内部功能组织和细节设计、大量辅助功能用房巧妙的"隐藏"式设计等这些建筑师匠心独运的妙笔生花之处，在实际使用过程中都取得了与设计初衷一致的良好效果。同时也发现若干诸如宾馆客房不足、行政管理用房分散、后院空间局促等亟待解决的问题，有效指导业主及时补充完善，并催化更加完美设计作品的实现。这些宝贵意见的追溯与解决，践行了设计生命力之所在。相信在人们的心目中，"五洲宾馆"是烙印深圳发展特殊阶段永不磨灭的历史记忆！

深圳特区报业大厦

设计单位：深圳大学建筑设计研究院有限公司

主创设计师：龚维敏　卢 暘

设计团队：傅学怡　刘文镔　孟祖华　连建社　温亦兵

　　　　　赵 阳　武迎建　柳柏玲　陈宗良　朱顺发

　　　　　王建俊　黄 姝　夏春梅

后评估团队：王天逸　卢力齐　卢 暘　宋宝林

　　　　　张晓薇　胡敏思　梁 茵　黄 维

　　　　　谢颖强　蔡明哲　黎 阳

工程地点：深圳市福田区深南大道 6008 号

设计时间：1994 ~ 1997 年

竣工时间：1998 年 6 月

用地面积：2.86 万 m²

建筑面积：9.23 万 m²

建筑高度：167m（筒体高度 187m，塔尖高度 262 m）

奖项荣誉：

1999 年 11 月评为新中国成立五十周年广东十大标志性工程

1999 年 10 月天安门国庆 50 周年大典时报业大厦形象展现于广东省彩车上

2000 年 12 月获深圳市第九届优秀工程勘察设计奖——金牛奖

2001 年 6 月获广东省第十次优秀工程设计一等奖

2002 年 7 月获建设部优秀设计三等奖

2003 年 12 月获优秀建筑结构设计一等奖

2010 年 12 月获"深圳市 30 年 30 个特色建设项目"表彰

深圳特区报业大厦（下文简称：报业大厦）位于深圳市新中心区（福田中心区）的边缘，面朝城市主干道（深南大道）。东面为 39 层的人民大厦，南面隔路相望深圳五洲宾馆、高尔夫球会，北面为多层住宅区。报业大厦位置显要、交通方便、视野景观条件极佳。

■形象与象征

如何面对业主关于建筑形象及其象征的要求，常常是一个很具挑战性的问题。我们的大众审美习惯的一个特点就是喜欢从建筑造型中寻找具象的含义。在我们这个项目中，这一点也十分突出。深圳特区报社，作为本地最具实力的媒体，希望建筑造型能够体现出机构的形象，并能提供清晰的文学性的主题及含义。

我们采用了抽象的象征，使设计在两个层面上展开，一方面是建筑自身的逻辑发展，另一方面则关系到形象可能产生的语义，希望既可以按照特殊的解读方式找到种种"情节"，又能保持建筑语言的纯粹性，使造型语言成为建筑内容的合理表达。立面上的斜线构图提供了"帆船""报纸"的联想，但也是对两种空间界面的表达（办公——空中花园）。塔身上的球体被称为"新闻眼"，

它的内部是一个休息厅；裙房的"船体"造型对应的则是一个敞廊空间；整体建筑被称为"新闻旗舰"使得故事有了一个主题，满足了业主的期望。然而，我们真正关注仍然是在抽象意义上的建筑的形式感。

■空间及环境设计

对于高层办公建筑，能够在空间处理上有所突破，首先要感谢业主的眼界和气度。业主愿意拿出相当一部分的建筑面积，用作公共空间，在当时是很难得的。这主要体现在一系列的公共空间及室外环境设计上。

报业大厦主体除了顶层俱乐部都是办公楼层，在这些楼层中，每隔三层设置一个三层高的空中花园，全楼有 10 个这样的空间，各办公层都可以步行进入一个对应的空间。原考虑在各个空间中种植高大植物，并以植物种类的变化形成各自的特色，为人们提供高空中接近自然的场所。这个想法未能完全实现有些遗憾，但这样的空间能够存在，本身是很有意义的，目前它们在楼层中使用率很高，是颇受欢迎的场所。玻璃球体在内部是一个半球状空间，用作休息、观景。原来打算采用半透明的玻璃砖做楼面材料，制造出"悬浮空中"的效果，

20 年前竣工全景照

使用 20 年后全景照

这个想法也未能实现。地面现为实体材料，不过空间的基本特征仍存，仍是楼中的一个特色场所。

内外相融的、富有通透感、层次感的亚热带空间品质是裙房内外环境的追求方向。在我们的表达中，船形敞廊成为关键的一笔。外包铝板的弧面构架，为敞廊空间提供了特有的形式。从远处看，敞廊是建筑整体造型的组成部分，它有完整的造型；而在近处，它是外部广场空间的一个有通透感的界面，也是内外空间中的一个重要层次。在这个大尺度、半开敞空间的整合下，门厅大堂、700 座报告厅、展厅、各类楼梯等内容获得了各自发挥的自由及各不相同的体量形式，这些元素以多样的方式与敞廊空间对话，产生了许多有趣的交接关系及不同标高的开敞平台，为空间带来了更多的层次，更多的观看点。

门厅大堂高 25m，利用塔楼下部筒体间 30m 高的架空空间设置于建筑的中心部位，南面采用了整片玻璃墙，使空间向南开敞，北外侧设计了一片水幕墙，以挡住北侧较差的景观并作为空间的收头。玻璃顶盖用空间桁架支承，它们在整片光洁的墙面上留下了有趣的光影图案。在中心部位种植了高大的棕榈树，它们是空间的最有生机的"装饰品"，带来了热带情调。

前广场中，环绕敞廊设置了大片水池，它使得金属感的敞廊与广场石质铺地之间有一个柔性的过渡层次，水中的映像及敞廊铝板的光泽随着气流和光线的流动而变换，为广场带来了生气。内外空间环境的关系，在建筑中心轴线上得到了进一步的表达，从南端的人行道至北端的水幕墙、雕塑喷泉、广场水池、入门口架雨篷、大台阶、敞廊、大堂等元素组成了一个多层次的空间序列。

■材料与技术

材料的构成、结构造型及构造细部需与现有的施工、工艺条件相结合才具现实意义，在整个设计与施工过程中，我们寻求的是各种因素综合下的"适宜"效果。所以在设计中我们主要关注材料的色彩、透明度及分格条的肌理效果。栏杆、扶手等金属构件原设计采用了不少精密螺栓节点，后来受工艺条件的限制改成了焊接，效果也可接受。敞廊水平条结构是由角钢连成的支架，这种做法虽不够精致，但与目前的钢结构施工水平相符，现场拼接与调整比较方便，误差也可以由外表的铝板进行调整，这样也获得了某种手工艺与机器感并存的效果。大厦中主体结构为钢筋混凝土，局部采用钢结构，一些部位采用了特殊的结构，如球体外壳钢骨架，按经纬线排列，仅于上下交汇点处与主体结构连接，又如演汇厅观众席借助混凝土巨型构架，向外悬挑了 14m。这些结构形式被纳入建筑造型整体之中，得到了恰当的表达。

使用后评估（POE）报告

一、结论

使用后评估确认了深圳特区报业大厦（以下简称：报业大厦）在使用二十余年后仍保持着良好的使用状态，仍按照初始的建筑策划及设计进行运行。

二、使用后评估成果之循证设计模式

模式1 城市环境与象征形象结合的模式

1. 原型实例：报业大厦的设计深刻地探讨了城市公共空间的塑造方式，同时设计梳理周边地形条件，文脉传承，而形成了设计规划雏形。设计之初的原型构想阶段，受到了构成主义手法，高层建筑相关理论的影响。杨经文、福斯特的生态建筑实践，建筑师在SOM事务所工作期间积累的高层建筑实践经验，都对报业大厦的早期设计有不同程度的影响。

2. 相关说明：作为城市中心区的高层办公建筑，其创作过程不仅仅涉及建筑内在功能，还更多地包含了对其所处的地域环境及文化环境的梳理，和对于形象的把控。

3. 应对的问题：

1）设计面临的第一个问题是如何梳理环境关系：设计的初始阶段，基地周围几公里范围内基本上是空地，能够获得的周围建筑及规划的信息十分有限，中心区规划设计方案也尚未出台。这使得设计必须以预想式的分析和对城市环境文脉的理解为依据。

2）另一个重点考虑的问题是建筑的形象问题：如何在造型风格上与未来中心区的建筑有关联，如何展现现代主义框架下的亚热带情调和新的空间精神，以及如何呈现传媒建筑的文化形象，这都是建筑创作需要积极面对的现实。

4. 问题的解决方案：对于城市环境问题，首先，报

业大厦的基地位于深圳市福田中心区边缘，面朝城市主干道深南大道，在它的东侧有39层的人民大厦，西侧为北京国际大厦，南面隔路相望的是深圳高尔夫球会及五洲宾馆，北侧为多层住宅区（图1、图2）。报业大厦在城市空间中扮演着重要角色，在未来5年内，它将是中心区及其周边在深南路沿线范围内的最高建筑物及城市轮廓线的主导要素，对设计分析起了较大作用的是中心区及深南路的城市开放空间体系。报业大厦的造型设计采用了非对称的构图，呈现出了朝向中心区的中心广场的运动感，构图在东向有所侧重。这样使建筑能够与中心区的城市空间建立起某种呼应的关系。

对于形象与象征问题，在总体把握文化气质的前提下，具体的设计则在两个层面同时展开：一方面是建筑自身的逻辑发展，另一方面则关系到形象可能产生的语义或"情节"。这两个方面有机、自然地结合，使结果具有某种"双重译码"的特征。也就是说既可以按照特殊的解读方式找到种种"故事情节"，又能够保持住建筑语言的纯粹性。例如：在南立面造型上，采用了斜线构图，形成建筑的动势，引发了"帆船""大海"的联想（图3），但这仍是对两种空间界面关系的表达。裙房的"船体"造型对应的是一个开敞式的通透敞廊（图5），塔身上部球体造型被称为"新闻眼"（图4），其实是一

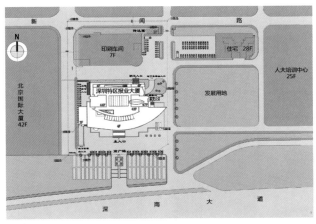

图1

个休息厅的外部造型等。但撇开这些文字"情节",在建筑抽象造型的层面上,斜切弧面外墙、玻璃球体、弧形钢构架、椭圆形塔架(图 6),仍是单纯的建筑语汇,它们更多的是按照建筑空间及造型构图的自身规律组合在一起,建筑形式本身是独特的,这使得建筑形象同时兼具纯粹的建构意义和一定的形象隐喻。

5. 使用反馈:

从建筑师后评估问卷统计中获悉,由于报社人员构成复杂,参观者在建筑各个区域停留时间并不呈现固定的规律。对深圳特区报业大厦的环境品质评价较高,从对办公人员进行的访谈中获悉(图 7):对于多功能演汇厅的空间品质评价较高,在外部形象方面认为大堂设计最为有特点;而对于建筑周边环境的评价,认为前广场和水池显得宜人。设计师表示,在整个设计过程中,重点关注了建筑形象塑造和内部空间品质,同时协调其内外逻辑的完整性,从而体现了建筑从内部空间到外部

图 2

图 3

图 4

图 5

图 6

塑造的流畅性、合理性、自洽性。从物业管理人员的反馈来看（图8），建筑形象整体来说比较有特色，经过二十年后，在该核心区域中仍然具有较强的标志性；建筑前广场的水景空间和敞廊空间（图9），成了外来人员停留休憩以及拍照的场所，其通风良好，很好地体现了建筑的公共性。

6. 体现的相关理论：该模式原型实例所体现出的相关理论：高层建筑环境、生态、形象结合理论。高层办公建筑的形象设计不仅仅应当合理地反映建筑内部的功能逻辑、建筑建造的构成逻辑也应当在一定程度上反映企业文化，并能够从形象的解读上引发人们的联想，例如报业大厦的"风帆""远航"等隐喻也是对建筑形象的大众化的解读，这种双方面的建筑解读亦可以称作高层建筑形象的"双重译码"。

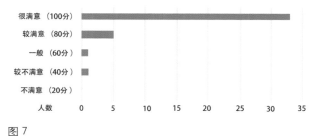

办公人员对 大堂/敞廊 **评价均分95分**

图 7

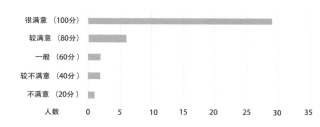

物业管理人员对 大堂/敞廊 **评价均分90分**

图 8

图 9

模式 2 空间景观系统模式

1. 原型实例：深圳特区报业大厦的空间景观系统模式。

2. 相关说明：从高层办公建筑发展面临的问题入手，对自然空间特别是庭院式自然空间的引入给现代高层办公建筑设计的作用展开探讨，并在此基础上对高层办公建筑庭院空间的发展前景进行了分析研究，指出具有良好自然空间绿色的景观系统建筑将成为未来高层办公建筑发展的方向。

3. 应对的问题：传统的高层办公建筑由于缺乏适宜的"共享区域"，常常会暴露出办公场地拥挤、室内通风差、缺乏绿色植物等问题，而且会使处于办公楼内的人们产生封闭、紧张、压抑、疲劳等情绪。

怎样在高层办公建筑的设计中引入庭院空间，为办公楼内的人们提供自然的阳光、清新的空间、绿色的景观、交流的场所，怎样设计一系列的公共空间以及室内外环境，如何突出亚热带的特征，在高层办公建筑空间处理上对常规模式有所突破。

4. 问题的解决方案：

丰富的序列：亚热带的特征在裙房及内外环境设计中得到了充分的体现，通敞的空间与热带植物和水景扮演了重要的角色。大堂利用塔楼下部 30m 高的架空空间，置于建筑的中心部位。大堂玻璃顶高 25m，阳光经此可深入空间的内核，将顶盖桁架的光影投射到整片光洁的墙面上。大堂两排高大的独立柱穿过玻璃顶向上生长（图 10，图 13），似乎呈现了某种古典的秩序。而南向整片通透的玻璃墙，却又使空间向着外广场伸展了出去。大堂及外面的船形敞廊，在室内外室间中形成了一个半开敞的过渡层次（图 11，图 12）。它覆盖了多处标高不同的活动平台，本身又是门厅大堂、展厅、演汇厅前的集散、休憩场所。由水平的弧形线条构成的扭曲弧面构架，为这个空间提供独特的形式，在起到遮阳作用的同时仍保持着通透感，表达了地域气候特点。

前广场与敞廊：前广场低于建筑首层标高 2m，大片水池环抱着敞廊，水面在"船"体底部伸展。水池可有动水、静水两种模式，风吹过水面带来了凉意，也不断地变换着水中的映像，"船"与水、建筑与环境互相

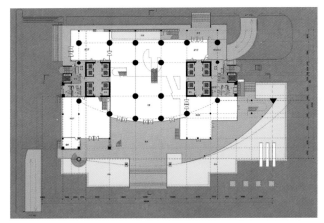

图 13

图 10　　　　　　图 11　　　　　　图 12　　　　　　图 14

交融，大王椰树作为造型元素再次出现、种植在广场的显要位置，与敞廊立面、水池形状及广场空间形成了确定的构图关系（图13）。内外空间环境的关系在大堂至深南路的中轴线上得到了进一步的强化。从南至北，步行道、雕塑喷泉、前广场、入口门架雨棚、大台阶、敞廊前厅、大堂，多种元素构成了一个丰富的序列。

空中花园：在主体办公标准层，每隔三层设置一个三层11.4m高的空中花园（图14，图16），面积100㎡。这样的共享空间面朝福田中心区，具有良好的自然通风和景观视线。在其中种植植物，成为高空中人们接近自然、休息、观景的场所。全楼共有十个这样的空间，每个办公楼层可步行方便进入一个对应的花园空间，各个空中花园可通过植物种类的变化，形成各自的特色。在较为经济紧凑的平面形成丰富多样的空间并极具生态特色。

新闻球眼：在三十八层设置直径12m玻璃球体，即球形大厅，后被报社称为"新闻眼"（图15），在内部是8m高的半球空间，现为高级会议厅（图17、图18）。强烈的几何特征，在这样的空间尺度下，产生"悬浮于空间中"的体验，悬念效果作用突出。

办公空间：深圳特区报业大厦办公层层高，当时在与深圳其他高层办公楼层高比较（从舒适、经济、设备管线等方面考虑）之后决定采用3.8m层高，追求高品质办公空间，为办公人员提供舒适的办公环境和阅览环境（图19）。建筑设计的目标之一是使办公楼层的视野最大化。

5.使用反馈：探索了"空中花园"式的新的高层办公建筑模式，为国内首个实例。设计注重改变传统高层办公建筑空间单调、封闭的特点，在设计中营造了从地面至空中垂直发展的特色空间系统。通过建筑师后评

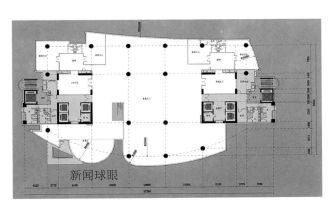

图15

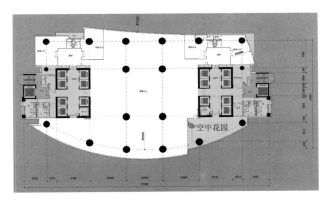

图16

图17

图18

图19

估观察建筑及对深圳特区报业大厦的办公人员访谈获悉（图20），高层建筑的空中花园设计为彼时的初次尝试，经过了二十多年的时间检验，一直发挥着预想的作用。从对参观者的访谈中获悉（图21），空中花园的确是楼层中颇受喜爱的场所，提升了办公品质。

在建筑技术不断发展的今天，高层办公建筑庭院关注的是人们精神上对自然的回归和依恋，自然环境正在以各种各样的方式被人们引入城市和建筑空间之中来改善和提高人们的环境质量和生活质量。在高层办公建筑中引入庭院空间的理念由深圳报业大厦率先实践，不同程度起到了改善空间质量、减少能源浪费等方面的作用。在未来，随着经济的发展，中国的高层建筑、超高层建筑还将日益增多，庭院空间也将和其他生态技术一样进一步完善，在高层办公建筑的设计中起到更大的作用。

通过建筑师后评估观察建筑及从对报业大厦的办公人员访谈中获悉，报业大厦经过二十年依然令人印象深刻，开敞的办公空间使人倍感舒适，办公空间、空中花园、会议接待、新闻球眼等提供了一个观景区域，大大提高了办公品质，这也是建筑的一大亮点。报业大厦设

计团队将空间景观设计原则在这栋建筑中进行了完美的诠释，使其成了一栋适应气候的新一代高层办公建筑。办公人员对新闻球眼的反馈，物业管理人员对新闻球眼的反馈见图22、图23。

6. 体现的相关理论：良好的办公环境不仅仅是宽敞、明亮、舒适的室内环境，在提倡人性化、生态化办公的今天，人们对办公空间的要求越来越迫切。当今世界的发展与存在充满了矛盾性与不平衡性，导致了多元化发展的趋向，办公环境随着新世纪信息化时代的到来，也变得更加多元化和综合化，多元要素之间互为关联与制约而表现为一种和谐共存的生活秩序。追求建筑与自然共生、室外与室内共生、个体与整体共生，符合可持续发展的设计理念。

模式 3 高层办公建筑的智能、舒适、环保型模式

1. 原型实例：深圳特区报业大厦的智能、舒适、环保型办公模式。

2. 相关说明：现代化高层办公建筑，特别是在能耗较大的办公建筑的设计中，应为使用者创造一个舒适、

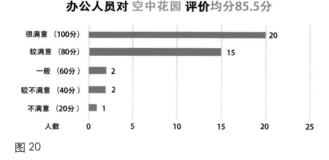

图 20

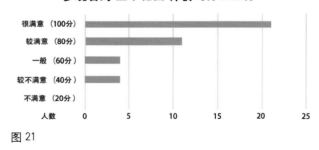

图 21

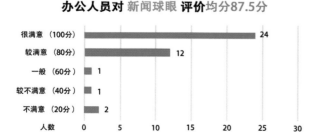

图 22

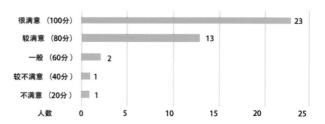

图 23

安全、经济、高效、便捷的工作环境。在智能、舒适、环保型办公模式方面进行了一定的研究与尝试。

3. 应对的问题：智能、舒适、环保型办公模式如何实现，建筑使用过程中如何维护，改善人们在高层办公的单一感和压抑感。我们在探讨智能、舒适、环保办公的同时也要思考这个模式到底能给我们和环境带来什么。

4. 问题的解决方案：

报业大厦塔楼采用双筒体的平面形式，将双筒分置平面东西两侧，减少日晒的影响，空出了中间大空间，提供了既可适应开敞式办公，又可划分成小单元的灵活空间。电梯厅放置于建筑两侧不仅减少了办公区域的东西晒面影响还使电梯厅采光充足，通风良好，视野宽阔。

报业大厦的空中花园位于建筑东南面，具有更好的光线和景观，在其中植以高大的植物，配有可开启的窗户组织自然通风，与自然结合，为人们提供高空中接近自然的舒适场所。空中花园每个办公楼层面可方便地以步行方式进入一个对应的花园空间，各个空中花园可通过植物种类的变化，形成各自的特色。据我们对大厦使用情况的了解，空中花园的确是楼层中颇受喜爱的场所，在较为经济的紧凑的平面形成丰富多样的空间并极具生态特色。一片二层楼高的水幕墙，为大堂提供了富有生机的背景（图 25），它将建筑北向的较差的景观（印刷厂）阻挡在外。大堂中种植的高大的大王椰树，它们是空间中最突出的"摆设"，带来了热带情调，给在大堂中停留以及路过的人员舒适的体验（图 24）。

报业大厦是一座 5A 级智能化办公大楼，大厦的智能化达到甲级标准。在该智能化系统中实现了多种形式的数字和模拟控制点的集成控制，多种设备和系统的联动控制，各系统采集数据的综合分析和决策，语音、数据、图像和视频信号集成通信，组织和建立大楼办公自动化所需要的各种数据库，提供符合国际标准的各种对外通信线路，基于不同通信协议的计算机系统或计算机网络

图 24

图 25

系统之间的互联，基于不同数据库之间的数据交换，各智能化分系统日常动作情况和统计数据的综合评估等。通过计算机的管理，系统能够根据不同来源的数据作出综合的最合理的反馈。从报业大厦近三年来单位面积耗电量（图 26，数据由业主报业大厦集团提供）并参考《民用建筑能耗标准》GB-T 51161-2016 可知，经历了 20 多年使用的报业大厦至今仍符合民用建筑能耗标准，在其数值以内，是一栋节能环保的高层建筑。

5. 使用反馈：1998 年 5 月特区报业大厦竣工，成为中国报业第一个运用智能化管理的办公大楼。该工程获中国报业技术进步一等奖（由中华人民共和国新闻出版署颁发）。通过建筑师后评估观察建筑及对报业大厦的办公人员访谈反馈获悉（图 27，图 28），报业大厦经过二十年依然令人印象深刻，并符合现今能耗标准，开敞的办公空间使人倍感舒适，空中花园的设置为员工提供了一个休闲便利的休息区，有的被改造成了员工文化区和会客室，大大提高了办公空间品质，这也是建筑的一大亮点。报业大厦设计团队完美诠释了智能、舒适、环保设计原则，使这栋建筑成了一栋生态、绿色、节能的新一代高层办公建筑。

6. 体现的相关理论：回归自然。生态、绿色、环保是人类永恒的主题，在强调节能减排的今天，生态建筑将会带来新的发展。庭院空间在促进室内通风、改善自然采光、利用光合作用、吸收太阳辐射等方面的生态效应也逐渐被人们所认知，是生态建筑不可或缺的一部分。为了实现都市中的梦想，为了能身临其境，建筑师们应该把自然景观搬到庭院空间内，来慰藉我们的情感。智能、舒适、环保设计原则、设计理念利用周围的区域气候能源来为建筑使用者创造出更为舒适的环境。

三、可持续使用改进建议

1. 关于室外水池喷水系统维护和改进建议

室外水池喷水系统最初的设计想法（图 29、图 30），在各时段（平时，节假日，重要活动等）起到了特殊的作用。现喷水系统的程控装置已坏，不能降到水池下部影响美观（图 31），建议维护。

2. 关于进一步优化空中花园顶棚装饰的改进建议

现空中花园的顶棚和钢结构架彩绘（图 32）未按照最初的设计想法，建议修改此装饰，更符合整个大楼的建筑风格和时代感（图 33）。

3. 关于进一步提升工作人员入口雨棚的改进建议

为了方便工作人员雨天进出入，在后门厅进出口加

年份 电量	2015	2016	2017
空调总用电量（kwh）	2295364	1918088	1520780
总用电量（kwh）	8032036	7338273	6913555
单位面积耗电量（kwh/m²/ 年）	87	79.5	74.9

注：《民用建筑能耗标准》　GB-T51161-2016，高层建筑面积耗电量按100kwh/平方米/年为标准。

图 26

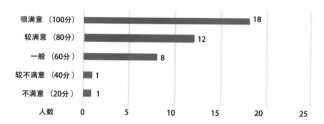

办公人员对 办公区/办公室 评价均分82.5分

图 27

区域品质总体平均分

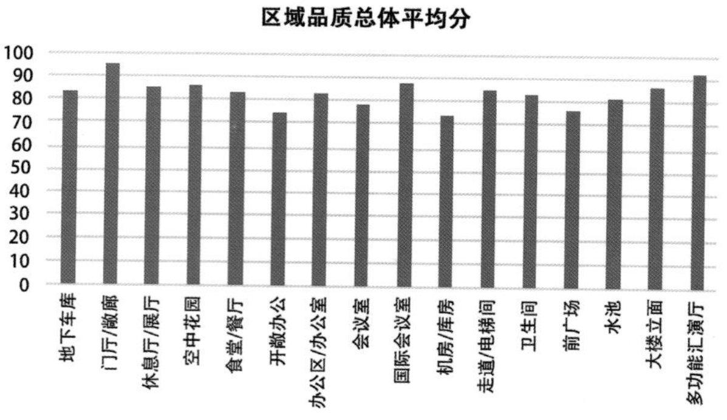

图 28

大雨篷出挑，类似于另一栋建筑的雨篷（图34），原雨篷出挑不能满足大风雨天（图35），提升此处的使用功能空间品质。

四、使用后评估回述

本项目建成伊始，在初次评优中，经过建筑回访（接近陈述式后评估），对当初设计理念的贯彻得出了反馈研判，初步实现了反馈客户的后评估短期价值。本次后评估，明确以调查式的层次进行（包括回顾、计划、调研、分析、总结等工作阶段），并与之前的回访资料比对。证实了相关设计理念在经历多年使用考验后，仍对民众生活和建筑学具有贡献意义，并以"循证设计模式"梳理，为同类建筑设计资料库、设计标准和指导规范的更新提供一手资料。同时，梳理"可持续使用改进建议"，以促进建筑性能的持续提高和改善，延长建筑生命周期。因此，本次调查式后评估与竣工后初次评优的建筑回访关联、比对，共同实现了后评估的中、长期价值。

特别鸣谢深圳特区报业集团各部门在后评估的调研、座谈走访过程中给予的大力支持。

图29

图30

图 31

图 32

图 33

图 34

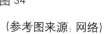

（参考图来源：网络）

图 35

对使用后评估（POE）报告的点评

后评估点评专家 于天赤

深圳特区报业大厦属于自用式办公建筑，在这类建筑中使用者更关注的是办公空间之外的"服务空间"，后评估的调查结果也证明，大家对"空中花园"设计的满意度极高。我也曾去过那里同记者聊天，从售货机中买几瓶可乐，俯瞰城市中心，说上几句，在这里放松，这里是交流，也是激发灵感的地方。现在深圳的百度大厦、腾讯大厦都有这样的空间，只不过他们的设计更夸张，更重视这样的空间。

在设计之初引入了"生态设计"的理念，为报业大厦绿色运营打下了良好的基础，加入智能化管理之后，整栋建筑的耗电量逐年降低，2017 年单位面积耗电量为 74.9kWh/（m²·a），低于引导值 75 kWh/（m²·a）的标准 *，说明这栋建筑以现行的深圳标准来评价依然是一栋节约的建筑。

从后评估的调整来看建筑师们独具匠心的构思，在实际的使用中得到了良好的印证，为同类办公建筑起到了借鉴、启示作用，而且以当今的标准来评价它仍然是一栋节约的建筑。经历二十年，它已然成为深圳建筑的代表与典范。

＊注：《深圳市大型公共建筑能耗监测情况报告（2017）》
编制单位：深圳市住房和建设局、深圳市建设科技促进中心、深圳市建筑科学研究院股份有限公司

深圳赛格广场

设计单位：香港华艺设计顾问（深圳）有限公司

设计团队：陈世民　林　毅　梁增钿　吴国林　雷世杰
　　　　　刘连景　杨　杰　吴志清　王兴法　汪　洋

后评估团队：林　毅　孙　剑　雷世杰

工程地点：深圳市深南中路与华强北路交汇处

设计时间：1995 年 4 月至 1997 年 10 月

竣工时间：2000 年 7 月

用地面积：9653m²

建筑面积：169459m²

建筑高度：291.60m

奖项荣誉：

1996 年中国建筑优秀方案设计奖一等奖

"超高层钢管混凝土结构综合技术" 获 2000 年度国家科技进步奖二等奖

2002 年深圳市第十届优秀工程设计奖二等奖

2003 年广东省第十一次优秀工程设计奖二等奖

2003 年度部级优秀勘察设计奖三等奖

2005 年第四届中国建筑学会优秀建筑结构设计奖一等奖

中国建筑学会（1949 ～ 2009 年）建筑创作大奖

2010 年深圳市 30 年 30 个特色建设项目

　　赛格广场位于深圳中心地带，深南路与华强北交汇处。总平面设计时，在裙房与上述两条市政干道间留出了较大的室外广场空间，又将办公塔楼后移至东北角，增大与喧嚣的市政干道的距离，减少了城市噪声的干扰。

　　赛格广场主体是现代化多功能智能型办公楼。裙房为 10 层商业广场，是以电子高科技为主，兼会展、商贸、信息、证券、娱乐于一体的综合性建筑。

　　室外广场以台阶及绿化带与市政人行道分隔，自成系统作为大厦人流集散的缓冲区。结合总体环境，合理组织交通，做到人车分流，互不干扰。

　　塔楼内电梯分为低、中、高三个分区，设高速提升电梯将高区人员快速运至高层转换层。利用低区电梯竖井设置高区电梯，减少竖井面积，提高了平面利用系数。

　　大厦外形设计注意时代气息，构思新颖，锐意创新。外表面主要是灰蓝色中空玻璃带形窗及蜂窝铝合金饰面板加上水平方向的金色彩带的组合，体现了简洁富丽的风貌与高雅的气质。室外观光电梯设于转角交叉面，上下运转增加了大厦的动感和生气，也加强了大厦整体简练、明快、挺拔的形象。顶层周边的金属框架围合了直升机停机坪、卫星信号接收器及金属桅杆，在各色灯光映衬下，缤纷多变，体现了赛格广场高科技的特性。

10 年前建筑全景照

现状全景照

使用后评估（POE）报告

一、结论

赛格广场项目通过使用后评估明确项目保持好的状态，仍按照初始的建筑策划及设计进行运行。

二、使用后评估成果之循证设计模式

模式 1 超高层建筑的多层次质感模式

1. 原型实例：赛格广场建筑外部的多层次质感策略（图 1，图 4 ~ 图 6）

2. 相关说明：建筑外部形体及表皮的多层次质感策略是超高层建筑立面创作的一种有效方法。

3. 应对的问题：超高层建筑往往承担着地标性建筑的作用，如何让其有独特的标志性，如何将不同材质、颜色的表皮进行搭配，且在不同的视距下呈现不同的观赏效果。

4. 问题的解决方案：赛格广场建筑立面的处理应用了多层次质感的策略。在较远距离时，通过对塔楼塔身的造型以及塔楼顶部的处理来增强辨识性，塔楼塔身是八边形平面，立面用灰色玻璃幕墙包裹；塔楼顶部利用金属板与玻璃幕墙不同材质的划分来区分层次，加上独特的避雷针造型设计，使得建筑整体简洁、挺拔，有线条感；距离稍近时，可以看到竖直方向上玻璃幕墙的划

图1

分，水平方向上装饰有金色外轮廓线条的铝板，形成中层次质感；距离更近时，可以看到材质本身细腻的质感。建筑整体利用不同材质、颜色的对比，通过线脚、虚实的划分将单调死板的立面变得生动、清晰且有标志性。

5. 使用反馈：通过建筑师后评估问卷统计获悉参观者对赛格广场的立面造型评价较高（图2、图3）。从对参观者进行的访谈中获悉：赛格广场令参观者印象深刻。相较其他建筑，参观者更欣赏赛格广场的建筑造型及外观。对于建筑使用者反馈的信息，赛格广场建筑师团队表示："赛格广场办公塔楼，在深南大道沿线乃至深圳所有的高楼大厦中都极为壮观醒目，远观赛格广场，

阳光直落铺散在灰色玻璃幕墙反照出耀眼光芒，有着直上云霄的磅礴气势；近观赛格广场，仰头直望这'巨人'，在玻璃幕墙水平方向上有着金色外轮廓线条铝板，体现了简洁挺拔的风貌与高雅富丽的气质。"

6. 该模式原型实例体现的相关理论：外部空间多层次质感理论。外部空间多层次质感理论是日本建筑家芦原义信在其《外部空间设计》中特别提到的理论。在建筑外部设计中，质感与观赏距离存在着紧密的关系：人靠近建筑外墙，能充分地欣赏建筑材料质感的范围可考虑为第一次质感；当处于看不到材料质感的距离时，可以考虑由立面板材接缝的分格构成第二次质感；当更远

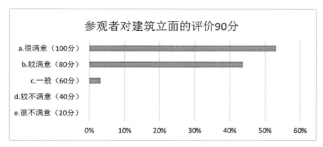

图2

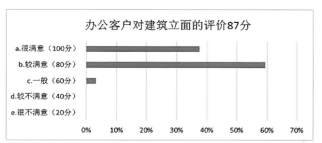

图3

图4

图 5

图 6

看不清接缝分格距离时，可以考虑由不同材质表皮界定的形体构成第三次质感。不同层次的质感可以使建筑使用者获得层次丰富、连绵持续的视觉体验。

模式 2 以"空间句法"为理论基础的复合流线模式

1. 原型实例：深圳赛达广场流线组织（图 7、图 8）

2. 相关说明：商业空间的动线组织引导着消费者的行为，连通了商业业态，是联系空间的纽带。

3. 应对的问题：赛达广场作为集小商品零售、大型商业、餐饮以及办公等多种功能于一体的超高层建筑，流线组织是其设计的核心内容之一，也是评判建筑是否合理、高效的因素之一。如何更有效地组织不同使用者的流线，如何提高建筑的易达性是本建筑流线设计所要解决的问题。

4. 问题的解决方案：建筑室外广场以台阶及绿化带与市政人行道分隔，自成系统，作为大厦人流集散的缓冲区。结合总体环境，合理组织交通，做到人车分流，

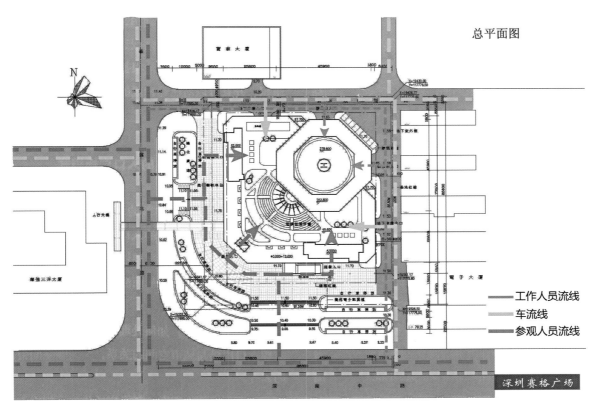

总平面图

工作人员流线
车流线
参观人员流线

图 7

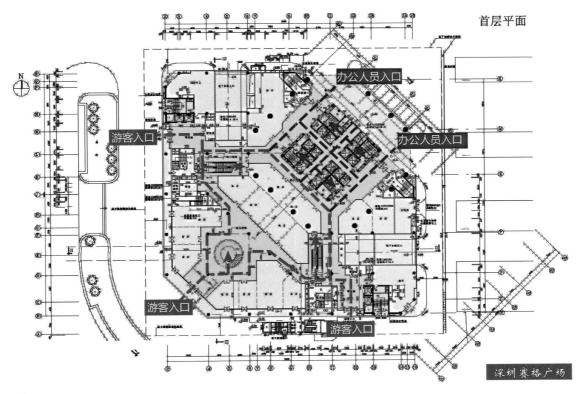

首层平面

办公人员入口
办公人员入口
游客入口
游客入口
游客入口

图 8

互不干扰。

车流主要由华强路经区内道路车行进入设于西北、东南面的双向立体车道入地下室或经东面道路驶出。

商场人流主要由南面及西面广场通过铺砌广场和绿化带进入裙房。办公楼人流一是乘车或步行至东北角柱廊外进入电梯厅，二是乘车到地下室一层进入门厅。方便快捷地引导人流进入广场各个活动空间，创造了一个高效良好的交通环境。

塔楼内电梯分为低、中、高三个分区，设高速提升电梯将高区人员快速运至高层转换层。利用低区电梯竖井设置高区电梯，减少竖井面积，提高了平面利用系数。

5. 使用反馈：使用后评估问卷统计验证了绝大部分使用者对赛达广场流线组织的评价较高（图9、图10）。从对使用者进行的访谈中获悉：使用者认为赛达广场交通可达性非常高，内部的流线关系也较清晰、合理（图11，数据来自 https://www.tripadvisor.cn/ 猫途鹰网站）。

6. 该模式原型实例体现的相关理论："空间句法"理论。英国伦敦大学教授比尔·希列尔（1983年）提出

空间句法理论及其一系列相关的计算机模拟分析方法。以易达性作为主体行进路线选择的核心要素，它有利于设计者在设计初期有效地根据使用者动线特征进行空间组织，并且可以对已经建成的空间组织结构进行有效的评估和改良。

模式3 激活城市活力的入口广场模式

1. 原型实例：赛格广场的入口广场（图12~图14）。

2. 相关说明：建筑的入口广场作为城市与建筑内部连接与过渡的空间，其重要性不言而喻，将入口广场有机地融入城市空间中，从而激活城市的活力，进而带来更多经济效益。

3. 应对的问题：如何处理建筑与场地的关系，如何处理入口广场与城市空间的关系，为商业空间带来更多的人气。

4. 问题的解决方案：赛格广场位于深圳中心地带，深南路与华强北交汇处。总平面设计时，在裙房与上述两条市政干道间留出了较大的室外广场空间，形成过渡空间，

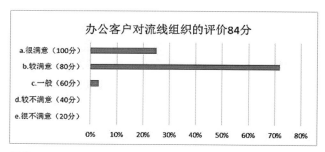

图9

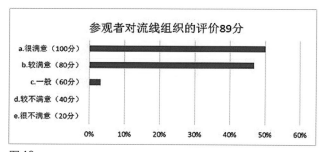

图10

◎◎◎◎◎ 2016年12月18日点评

很热闹

赛格广场在深圳很出名的，就在华强北，交通很方便，公交地铁都可以到达。这里有卖很多电子产品的店，很多人在这边，买3C产品。

👍 感谢 ZHONGZHENTAO

ZHONGZHENTAO
广东省深圳市
📄156 👍14

图11

图 12

既能在一定程度上隔绝噪声的干扰，又能为市民提供活动与休息空间。室外广场以台阶及绿化带与市政人行道分隔，自成系统，作为大厦人流集散的缓冲区。平时广场可提供给市民作为散步、舞蹈、运动等其他公共活动的空间，周末可提供给商家作为周末集市、展销会等商业活动的场所，充分利用区位的优势，激活城市空间的活力。

5. 使用反馈：通过建筑师后评估问卷统计获悉参观者对赛格广场的入口广场的评价较高（图 15、图 16）。

6. 该模式原型实例体现的相关理论：加拿大学者简·雅各布斯于 1961 年出版了《美国大城市的死与生》，从人自身的行为心理出发对城市街道进行研究。她关注人与人的社会关系，并认为正是在这种人与人的活动及生活场所相互交织的过程中，城市获得了活力，

同时只有城市空间能吸引足够多的人，商业空间才能进行。丹麦学者扬·盖尔在 1971 出版的《交往与空间》一书中呼吁对户外空间中活动的人们给予关注，深切理解那些与人们在公共空间中的交往密切相关的各种微妙空间的质量，并提出了如何创造充满活力且富有人情味的户外空间的有效途径。

三、使用后评估成果之可持续使用改进建议

1. 赛格广场缺少大型餐饮区的相关使用现

在赛格广场进行的陈述式建筑师使用后评估探询到：赛格广场缺少大型餐饮区，在公共区域经常见到售

图 13

图 14

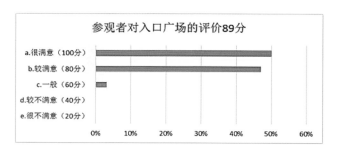

图 15

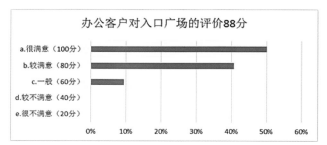

图 16

图 17

卖饭盒及丢弃的饭盒，既影响中庭的整体视觉环境，也让使用者深受其扰（图17）。随着人流的日益增长，更长时间的商业活动使工作人员及顾客餐饮愈发成为无法完全回避的问题。改善就餐环境，应直面商业的存在现象，可以借鉴大型综合体的做法，结合室内商业区的布置提供就餐区（图18）。

2. 裙房电梯厅走道的相关使用现象

在赛格广场进行的陈述式建筑师使用后评估探询

到：赛格广场电梯厅走道拥挤，在电梯厅走道经常会有推拉小车运送货品造成拥挤，既影响交通又影响营商环境（图19），随着商业的日益兴旺，货品运送愈发成为无法回避的问题。改善货品运送环境，可以借鉴垂直物流运输的做法，结合流线组织及室内商业区的布置提供货品运送（图20）。

3. 人员分流现象

在赛格广场进行的陈述式建筑师使用后评估中探

图18

图19

图20

图 21

图 22

询到：赛格广场在设计时通过设置不同的入口实现办公人员及游客的分流，在使用时起到了一定效果，但是由于管理上及人流量的原因导致部分游客误走办公人员入口，造成人流混行的现象（图 21），建议加强管理，适当增加引导牌（图 22）。

四、使用后评估回述

本项目建成伊始，在初次评优中，通过建筑回访（接近陈述式后评估），对当初设计理念的贯彻得出了反馈研判，初步实现了反馈客户的后评估短期价值。本次后评估，明确以调查式的层次进行（包括回顾、计划、调研、分析、总结等工作阶段），并与之前的回访资料比对，证实了相关设计理念在经历多年使用考验后，仍对民众生活和建筑学具有贡献意义，并以"循证设计模式"梳理，为同类建筑设计资料库、设计标准和指导规范的更新提供一手资料。同时，梳理"可持续使用改进建议"，以促进建筑性能的持续提高和改善，延长建筑生命周期。因此，本次调查式后评估与竣工后初次评优的建筑回访关联、比对，共同实现了后评估的中、长期价值。

对使用后评估（POE）报告的点评

后评估点评专家 沈晓恒

深圳赛格广场是国内电子科技明星地区华强北的地标建筑，坐落于深圳市深南中路与华强北路交汇处，大厦简练挺拔的形象及独特的头部造型，体现着赛格广场高科技的特征。它由香港华艺设计顾问（深圳）有限公司设计完成，获得过全国、广东省、深圳市多个级别的各项设计奖。对于这个具有时代印记、坐落于特殊地带的超高层写字楼进行后评估，颇具挑战性。从评估报告可以看到，赛格广场项目保持着好的状态，仍按照初始的建筑策划及设计运行。

在报告中，超高层建筑的多层次质感设计模式让赛格广场在不同的视距下拥有不同的观赏效果，令参观者印象深刻；以"空间句法"为理论基础的复合流线模式，为赛格广场非常复杂的人员组成使用大厦提供了便利，让商品零售人员、餐饮服务人员、办公人员等的工作秩序井然；激活城市活力的入口广场模式，使得大厦在两条繁华的城市道路间找到了自己的缓冲地带，室外广场在工作日成为电子商务人士的集散地带，在晚间成为市民逗留健身的场所，节假日成为集市、展销会等的商业活动场地，充分利用了区位优势，激活了城市空间的活力。报告还分析了建筑所存在的问题：赛格广场的大型餐饮配套不够，用餐空间不足所带来的问题；电梯厅走道预留不足，运送电子产品常常造成拥挤的问题；虽然大厦作了较好的交通组织，但由于管理不足、人员组成多样，仍会出现人流混行及人员误入的问题，并提出了针对性的改进建议，这些可贵的思考与反馈将有利于大厦在未来得到更好的运营。本项目功能的复杂性恰恰来自于众多不同类型的使用者的复杂需求，报告中若能对各种使用者进行区分并带来不同具体的评价则更完善。

深圳招商银行大厦

设计单位：深圳市建筑设计研究总院有限公司

合作单位：美国李名仪 / 廷丘勒建筑师事务所

方案主创：李名仪

设计团队：吴适时　董师标　涂宇红　吴宏雄　王启文
邓小一　何佳美　蒋征敏　李名仪　李　晖
戴　勇　黄冠佳

后评估团队：涂宇红　陈邦贤　廉大鹏　刘宏波

工程地点：深圳市车公庙深南大道北侧

设计时间：1997 年 2 月 ~ 1998 年 6 月

竣工时间：2001 年 10 月

用地面积：1.0 万 m²

建筑面积：11.6 万 m²

建筑高度：237.1m

奖项荣誉：

2004 年深圳市优秀工程设计一等奖

2005 年广东省优秀工程设计项目一等奖

2006 年建设部优秀工程设计项目二等奖

2009 年中国建筑学会建筑创作大奖

深圳招商银行大厦（原名深圳世贸中心大厦）位于福田区车公庙的农林路西侧，深南大道北侧，紧临深南大道。大厦凭借简洁的外立面及挺拔的造型获得了市场及业内人士的一致好评。

大厦建筑平面采用标准柱网，主塔楼由八层处的边长 45m 的四边形平面开始向上斜切至四十九层处的边长 15m 的八边形平面，经过空中花园三层高的垂直过渡后，又向外斜切恢复四边形的屋面。整体造型具有"收聚"和"向上"的意味，深受业主喜欢；同时其所具有的强烈几何雕塑感，创造了良好的城市景观效果。作为现代都市的地标式建筑，从远处看，白天立面简洁，造型独特，形体挺拔，比例优美，夜晚外轮廓线条笔挺，LED 泛光线条流畅，独特的造型在灯光映衬下更具特色。

裙房外墙材料为大西洋蓝花岗石，块材的大小厚度尺寸及留缝等细部设计突出了石材的厚重，强调了银行建筑的稳重和实力象征。塔楼全玻璃幕墙给人以简洁明净的感觉，建筑四角由下往上的收分增强了透视感，减轻了近距离建筑对人的压迫感。横向的金属线条进一步减弱了超高层巨大的体量压迫，给人以亲近感。四十九层空中花园既是标准层体量到顶的一个形体的变化，亦是空间功能需要及对顶部造型的进一步烘托。

大厦在设计时，还特别考虑了节能问题。为了降低能耗，在开窗位置设计采用了镀膜中空玻璃，而在窗台位置和吊顶以上位置采用了单层不透光不开启的陶釉玻璃，玻璃后衬隔热、保温、防火材料，完全满足随后实施的公建节能规范。

17 年前竣工全景图

使用 17 年后全景图

使用后评估（POE）报告

一、结论

通过使用后评估确认了深圳招商银行大厦使用17年后仍保持着良好的使用状态，仍按照初始的建筑策划及设计运行。

二、使用后评估成果之循证设计模式

模式1 建筑形象在城市中地标作用的确立

1. 原型实例：深圳招商银行大厦（图1）。

2. 相关说明：建筑对外的形象，不仅是建筑自身形象性格的体现，还关系着城市所在人们对建筑本身的认知及对场所的认同。

3. 应对的问题：建筑外部形态如何在一个高楼林立的城市中让人有一个明确的认知感，且能够与所处环境更为合理地融为一体。

4. 问题的解决方案

城市标志物最重要的特点是"在某些方面具有唯一性"，在整个环境中"令人难忘"。

所以，在平面造型设计上采用了方形的标准层，八层以上四角开始往里收，直到四十九层，五十二层开始再倾斜悬挑出来，这样形成的整体造型既减少了超高层建筑巨大体量给街上行人的压迫感，又增强了由下到上的透视感，衬托了顶部造型的特色，使得造型更加深入人心，挺拔向上的感觉尤为突出，可识别性更具唯一性，在整个深南大道上更为令人难忘。

深南大道由大厦和大道组成的构图也是深圳这幅城市大图的最基本的形状（图2、图3）。同时，这也意味着要面临新的审美标准的评判——街道的宽高之比。招商银行大厦高237m，此处深南大道宽130m，加上两边退线，及招商银行大厦塔楼比裙楼退后50m左右，街

图1 招商银行——城市地标建筑

道的宽高比为 1.3 左右，所以在街边看招商银行大厦塔楼比一般的超高层都会少一分压抑感，再加上塔楼四角的收分，增强了透视的效果，对人的亲近感又多了几分。

5. 使用反馈：使用者后评估问卷统计验证了绝大部分使用者对招商银行大厦的外观造型特点的标志性意义评价较高（图 4）。从对使用者进行的访谈中获悉：招商银行大厦对深南大道沿线城市空间品质的提升效果明显，过往者无论是上班走在深南大道边上，还是下班走在过街天桥上，都会对大楼驻足凝望。从远处的外观效果到近处的细节体现都给人以丰富的层次变化感。

6. 该模式原型实例所体现出的相关理论：城市意象理论。

凯文·林奇在《城市意象》一书中对人的"城市感知"意象要素进行了较深入的研究。他说："一个可读的城市，他的街区、标志或道路，应该容易认明，进而

组成一个完整的形态。"环境中感受到自然，并与之能和谐相处下去。

城市意象是一种城市特色，虽然它不是城市特色的唯一指标，但它是城市特色的重要因素。通过城市意象差异性的研究，分析城市中不同群体形成不同城市意象的原因，能够对城市特色建设提出建议和主张。城市特色作为城市长期积淀的结果，充分反映在人们的城市意象中，因此我们可以从城市发展中人们所反映的城市意象内容对城市特色进行研究，在城市设计实践中塑造城市环境特色。

模式 2 高层写字楼建筑大堂形式

1. 原型实例：深圳招商银行大厦入口大堂（图 5）

2. 相关说明：办公大堂是超高层办公楼公共空间的核心，也是最主要的公共服务空间和交通枢纽，尤其在

图 2 深南大道边的招商银行大厦

图 3

超高层建筑综合体中，大堂还是办公商业等功能空间联系最密切的地方，来自商业、办公等的客人也需要在综合体内部或者外部，先经过大堂再到达其他功能分区。

3. 应对的问题：如何组织好从大楼东面主入口到西面广场庭院的人员以及进入招商银行营业大堂的办事人员和在大楼办公的人员的交通流线问题。

4. 问题的解决方案：大堂既作为塔楼及裙楼的入口，又是连接东入口与西广场的过渡空间，是人员进入大楼必经空间，大堂如何处理及以何种尺度来表达，才能给人以不一样的感受是设计重点考虑的地方（图5、图6）。

大堂的进深：从人体工程学角度分析，仰视角在45°内，能获得较为完整的景物，同时可以观察到景物的局部细节。当高度大于进深较多时，空间将产生高耸、

庄严、宏伟感，而对于办公建筑大堂，应弱化竖向空间，避免引起人被渺小化的感受。

大堂的面宽：考虑到人的双眼在10m处获得的有效视线宽度，当面宽大于有效视线宽度时，处在室内的人因为无法完全看到两侧边界，因而产生宽敞感。

大堂高度：大堂高度多采用几层通高，以获得与进深匹配的高度，避免产生空间的压迫感。图9、图10中我们可以看到大楼大堂进深为32m，面宽为17m，高度为29m，进深是大于大堂高度的，给人的尺度不会造成压迫感。

5. 使用反馈：使用后评估问卷调查统计验证了绝大部分使用者对长方形大堂的品质评价较高（图7），使用者对大堂具有较强的认同感和归属感，包括对其内部

表一	办公客户对外观造型的评价					
	0%	20%	40%	60%	80%	100%
a.很满意（100分）						
b.较满意（80分）						
c.一般（60分）						
d.较不满意（40分）						
e.很不满意（20分）						

表二	物业管理人员对外观造型的评价					
	0%	20%	40%	60%	80%	100%
a.很满意（100分）						
b.较满意（80分）						
c.一般（60分）						
d.较不满意（40分）						
e.很不满意（20分）						

图4

图5 招商银行入口大堂，左侧通往营业厅，右侧通往办公塔楼电梯厅

图6 招商银行大堂，前方往西广场庭院

和外部。其外部联系东侧主入口和西侧广场庭院，使用者从东侧到西侧能够通过大堂很便捷地来往于这两处，不需要绕建筑一周；其内部连通招行营业大厅和塔楼办公电梯厅，方便人员进入营业大厅办理事务，也方便人员上到办公楼内，同时还方便了大楼物业的管理，管理好大堂即能管理好大楼（图 8、图 9）。

6. 该模式原型实例所体现出的相关理论：格式塔心理学和建筑场所理论。1912 年由韦特海墨提出，在德国

得到迅速发展。该理论断言，人们在观察时，眼脑并不是在一开始就区分一个形象的各个单一的组成部分，而是将各个部分组合起来，使之成为一个更易于理解的统一体。此外他们坚持认为，在一个格式塔内，眼睛的能力只能接受少数几个不相关联的整体单位，这种能力的强弱取决于这些整体单位的不同与相似，以及它们之间的相对位置。

所以在大堂设计中不管如何设计，都是基于长方形、

表三	办公客户对大堂的评价					
	0%	20%	40%	60%	80%	100%
a.很满意（100 分）						
b.较满意（80 分）						
c.一般（60 分）						
d.较不满意（40 分）						
e.很不满意（20 分）						

图 7

表四	物业管理人员对大堂的评价					
	0%	20%	40%	60%	80%	100%
a.很满意（100 分）						
b.较满意（80 分）						
c.一般（60 分）						
d.较不满意（40 分）						
e.很不满意（20 分）						

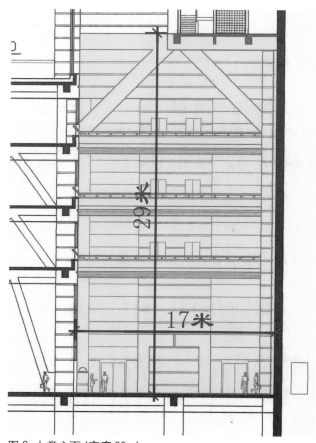

图 8 大堂立面（高度 29m）

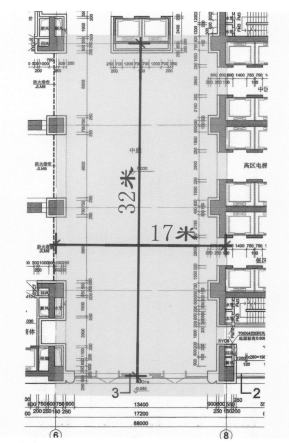

图 9 大堂平面（进深 32m，面宽 17m）

正方形及圆形等这些最基本的形态来设计，即使再复杂的空间，通过这个理论，最初的感受都会被简化为最基本的单元进行认知。人对空间的认知因其相似性而会对其产生熟悉感，进而对其产生认同感。

模式3 中庭空间在内部各个功能之间的作用

1. 原型实例：招商银行大厦营业厅二层楼板处开设了直径25.8m的圆洞形成两层通高中庭空间（图10，图11）。

2. 相关说明：建筑内部中庭空间增加了建筑内部功能之间的联系和空间的趣味性，是周边各个独立空间联系的枢纽。

3. 应对的问题：

1）语音清晰度低

在建筑空间的使用中，使用者往往有这样的感受，在中庭空间中会觉得噪声大，沟通时受到影响，得不到满意的语言清晰度。

2）环境噪声大

建筑所处环境周边噪声大，而建筑对外界空间的噪声隔声效果差，使外部噪声进入室内；另外，室内空调系统噪声大，形成不利噪声环境；再次就是室内活动引起的干扰。

3）声聚焦

当中庭空间具有较大的凹凸形界面时，声聚焦点所在位置声音特别强，这些不利条件往往容易形成一个较大的区域，这个区域极易形成强回声。

4. 问题的解决方案：

中庭空间要有良好的声场环境应采取一些设计方法和原则来实现：

1）利用该空间中的有效界面，在主要的顶部、墙面及地面敷设吸声材料，同时结合室内装修设计考虑材料颜色及纹理的合理搭配，协调各自的层次，营造出良好的室内空间效果。

2）中庭南面室外为深南大道北侧，有十几米的绿

图10 招商银行大厦南端的营业大厅二层

图 11 招商银行大厦南端营业大厅首层

化隔离带，绿化隔离带能够减弱一大部分室外环境噪声对中庭的影响，加上中庭外窗采用的都是中空玻璃，隔声效果也是相当明显。

3）对空调系统噪声源采用降噪处理，做好风管出风口的消声处理。

5. 使用反馈：

使用后评估问卷调查统计验证了绝大部分使用者对圆形中庭的品质评价较高（图 12），使用者对营业大厅的室内效果满意度非常高，内部环境的舒适度也受到了较高的评价。

6. 该模式原型实例所体现出的相关理论：中庭共享空间理论。

美国建筑师约翰·波特曼最先将共享中庭引入了现代大型公共建筑。中庭空间具有交通枢纽功能，同时对改善环境也有很大作用，并且作为过渡空间，将人与自然、建筑融为一体，还可提供自由交往、约会、商业洽谈的环境，也是作为文化展示的一个重要场所。

模式 4 空中花园对整个建筑品质的改善和提升

1. 原型实例：深圳招商银行大厦四十九层空中花园（图 13、图 14）

2. 相关说明：大楼四十九层设计的空中花园，有会所俱乐部和观景的功能，为使用者提供了极佳的观赏城市美景的平台。

3. 应对的问题：高层及超高层建筑离地高，离绿化景观自然就远，如何在高层建筑中也能亲近自然，享受绿化带来的舒适感，这给超高层建筑设计带来了新的思考。

4. 问题的解决方案：

建筑主塔楼形体四角由八层处的边长 45m 的四边形平面开始向上斜切至四十九层处的边长 15m 的八边形平面，四十九层的圆形银行家俱乐部外墙采用全玻幕墙，平面上往内收了 3 ~ 4m，留出了外廊做观景平台，实现了室内会所与室外景观在高空中的自然对话（图 13 ~ 图 15）。

5. 使用反馈：通过使用后评估问卷调查统计验证了绝大部分使用者对空中花园的品质评价较高（图 16），使用者对会所及外廊观景平台满意度非常高，内部环境的舒适度也受到了较高的评价。

6. 该模式原型实例所体现出的相关理论：花园城市理论及空中花园理论。

在目睹了工业化浪潮对自然的破坏后，英国规划专家埃比尼泽·霍华德（Ebenezer Howard，1830 ~ 1928 年）于 1898 年提出了"花园城市"的理论，中心思想是使人们能够生活在既有良好的社会、经济环境，又有美好的自然环境的新型城市之中。"花园城市"追求的目标是促进城市的可持续发展，创造人与自然和谐的环境。在现代建筑出现、发展和流行的过程中，20 世纪法国建筑大师勒·柯布西耶提出了类似"空中花园"的概念，1922 年他在"Maison Citrohn"概念性住宅中提出"房顶不但是平顶结构，而且设计为屋顶平台作为天台花园，供居住者休闲用"的全新理论；在 5 层的"别墅大厦"中，在每两栋两层高别墅间设计自己独立的花园，屋顶有交谊大厅，还有运动场及跑道，院子里、花园里的路旁满是花草树木，每层楼阳台都种满了绿植。其天才的设计手法对后来的建筑师有着深远的影响。追求空间环境的理想不仅是服务于建筑内的需求，也是为城市的生态环境作贡献。

表五 办公客户对中庭的评价	0%	20%	40%	60%	80%	100%
a.很满意（100 分）	■	■	■			
b.较满意（80 分）		■				
c.一般（60 分）	■					
d.较不满意（40 分）						
e.很不满意（20 分）						

表六 物业管理人员对中庭的评价	0%	20%	40%	60%	80%	100%
a.很满意（100 分）		■	■			
b.较满意（80 分）	■		■			
c.一般（60 分）	■					
d.较不满意（40 分）						
e.很不满意（20 分）						

图 12

图 13 招商银行四十九层空中花园的室内会所

图 14 四十九层会所处的空中花园观景平台

图 15 招商银行四十九层空中花园的室内会所

表七 办公客户对空中花园的评价	0%	20%	40%	60%	80%	100%
a.很满意（100 分）		■	■	■		
b.较满意（80 分）		■	■			
c.一般（60 分）		■				
d.较不满意（40 分）						
e.很不满意（20 分）						

表八 物业管理人员对空中花园的评价	0%	20%	40%	60%	80%	100%
a.很满意（100 分）		■	■	■		
b.较满意（80 分）		■				
c.一般（60 分）		■	■			
d.较不满意（40 分）						
e.很不满意（20 分）						

图 16

三、可持续及安全使用改进建议

1. 西侧广场庭院改进建议

西侧广场庭院（图 17）室内外高差较小，且广场排水口较少，大雨天气广场排水不顺畅，管理处管理起来有困难；另外，西侧广场多数是硬质铺装，透水砖和绿化地面部分面积较少，也是排水效果不好的原因之一。如果适当增加一些地面绿化和透水铺装，场地排水效果将会有明显提升。另外，因为大厦属于无烟区，广场上设置了吸烟处，由于绿化面积少，天气炎热的时候，吸烟者在广场吸烟时很不舒适，建议停车位间种些乔木，既可美化环境，又可体现出管理上人性化的一面。

2. 建筑玻璃幕墙爆裂问题

在回访过程中，物业反映有些位置玻璃炸裂，虽然玻璃仍然固定于幕墙框上，但是需要尽快更换（图 18）。由此可见玻璃幕墙使用安全夹胶玻璃是多么必然的一个选择。

导致玻璃幕墙安全隐患的主要原因是其材料构成及幕墙框架和玻璃的热胀冷缩不同。建筑使用年限长

了以后，幕墙玻璃连接的结构胶和密封胶的老化就可能导致问题，所以需要物业公司、开发商、业主合力共管，按照《玻璃幕墙工程技术规范》进行周期性全面检查，防患于未然。另外在设计中应该采用夹胶玻璃或者新型的更为安全的玻璃及效果和耐久性更好的结构胶及密封胶，这要与甲方达成共识。

四、使用后评估回述

本项目建成伊始，在初次评优中，经过建筑回访（接近陈述式后评估），对当初设计理念的贯彻得出了反馈研判，初步实现了反馈客户的后评估短期价值。本次后评估，明确以调查式的层次进行（包括回顾、计划、调研、分析、总结等工作阶段），并与之前的回访资料比对。证实了相关设计理念在经历多年使用考验后，仍对民众生活和建筑学具有贡献意义，并以"循证设计模式"梳理，为同类建筑设计资料库、设计标准和指导规范的更新提供一手资料。同时，梳理"可持续使用改进建议"，以促进建筑性能的持续提高和改善，延长建筑生命周期。因此，本次调查式后评估与竣工后初次评优的建筑回访关联、比对，共同实现了后评估的中、长期价值。

图 17 西广场庭院铺装硬地较多绿化不够

图 18 全玻璃幕墙有玻璃爆裂问题

对使用后评估（POE）报告的点评
后评估点评专家　陈晓唐博士

深圳招商银行大厦是由美国著名华人建筑师李名仪担任主创设计师设计，已建成十余年并屡获重要设计奖与优秀工程奖的深圳市标志性公共建筑。对于这样一座建筑开展使用后评估调研，具有重要意义。使用后评估证实该建筑在使用十余年后仍然保持着良好的使用状态，仍然按照初始的建筑策划及设计运行；其中使用者对于深圳招商银行大厦标志性的外观造型有充分的认同感；对于深圳招商银行大厦长方形大堂的品质也表示赞赏与肯定；对于深圳招商银行大厦圆形中庭及空中花园的品质，也都表示充分的认可。这些都是令人欣慰的结论。同时，使用后评估也发现若干诸如西侧广场庭院排水不畅、室外停车场缺乏乔木绿化、玻璃幕墙局部老化等有待改进之处。这些都是可贵的反馈信息。当然若后评估报告能以更多些的篇幅来反映评价者的一些生动、具体和重要的意见与评论则更佳。

深圳市中心医院

设计单位：深圳华森建筑与工程设计顾问有限公司
设计团队：赵树兰　汪　清　李达欣　张云彬
　　　　　何伟军　葛淦洪　张建忠　蔡敬琅　宣仲国
　　　　　张大明
后评估团队：陈雨熙　欧阳嘉
工程地点：深圳市福田区莲花路 1120 号
设计时间：1994 ~ 1998 年
竣工时间：2001 年

用地面积：5.9 万 m²
建筑面积：76506m²
建筑高度：51.9 m（住院医技楼）
　　　　　31.1 m（门诊大楼）
奖项荣誉：
　　广东省第十次优秀工程设计二等奖（2001 年广东省建设厅）
　　2001 年度部级优秀勘察设计三等奖（2002 年中华人民共和国建设部）

深圳市中心医院位于福田区莲花路 1120 号，莲花山西北侧，占地面积 5.9 万 m²。自然环境良好，交通便利，依据全中央空调医院的现代平面设计理论进行全面规划与设计，目标成为 800 床、日门诊量 4000 人次的三级甲等医院。共包括门诊大楼、住院医技大楼、后勤楼与宿舍楼等四栋单体。所有科室均为尽端式、集中式设计，其中能够前后转通的圆形的护理单元可大大缩短护理路线的长度，为国内首创。原设计医技部与住院部分别为两栋楼，后因基地使用原因将医技部与住院部合并，形成底层为医技、上为住院部的形式，从而与门诊楼构成了两栋联接式的模式。

2001 年 9 月，深圳市政府与北京大学、香港科技大学合作，医院更名为"北京大学深圳医院"和"北京大学深圳临床医学院"，纳入北京大学附属医院管理体系。

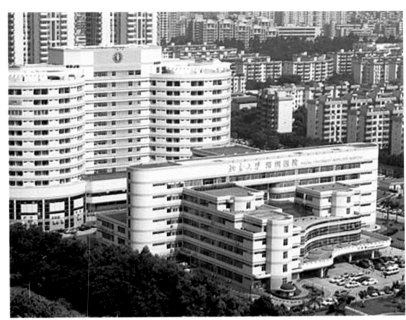

20 年前竣工全景照

使用 20 年后全景照

使用后评估（POE）报告

一、结论

以深圳市中心医院的主要功能区域为研究对象，通过文档查阅、实地调研、问卷调查和访谈等手段从整体规划布局、建筑单体设计、使用体验等角度进行使用后评价调查研究，分析问题产生的原因并提出改进意见。

通过使用后评估确认了深圳市中心医院在使用 20 年后仍保持着良好的使用状态，基本上仍在按照初始的建筑策划及设计运行。

二、使用后评估成果之循证设计模式

模式 1 建筑形态与环境的融合

1. 原型实例：深圳市中心医院与莲花山等周边环境相融合（图 1、图 2）。

2. 相关说明：随着时代的发展，人们已经不再孤立地看待建筑，而是将建筑单体与城市环境结合在一起进行考虑，但随着经济的腾飞，各种因素的影响使城市建设出现失控的现象，一些城市的公共空间开始出现混乱的局面，"缺乏整体性和连续性"是给人们留下的最难忘的印象。尤其是建筑与城市之间缺乏必要的视觉关联和空间关联，人们在城市与建筑之间感受不到空间及心理上的连续，城市"碎片化"日趋严重。

3. 应对的问题：深圳市中心医院用地位于莲花山西北，而莲花山是深圳极其重要的景观节点，建筑如何融入环境、与环境和谐相处。

4. 问题的解决方案：门诊楼与莲花山仅一路之隔，建筑单体采用层层退台的形式，体现了对自然山体的逊避与尊重，既丰富了建筑造型，同时也增加了日照。整体规划上，所有建筑平行莲花路布置，并皆面向莲花山，以取得良好的景观视野。综合后勤楼、住院医技楼、门诊大楼

高度分别为 34.5m、51.9 m、31.1 m，与莲花山共同构成了高低起伏、错落有致的城市天际线。

5. 使用反馈：从问卷调查结果（图 3）可知，不论是莲花山公园的游客，还是深圳市中心医院的使用者，对建筑与周边环境融合程度的评分都很高，分别达到了 95 分与 92 分，说明大众对建筑单体与城市环境的融合很满意。但是毕竟已经是二十年前的建筑，立面造型已经有些落后，所以大众对建筑立面造型的评价不高。通过访谈可知，莲花山公园的游客对建筑整体布局高低起伏的形态以及建筑柔和的弧线形体印象深刻，在莲花山上远眺，深圳市中心医院显得谦逊而又别致。而医院使用者对建筑层层退台的设计最为满意，充满堆叠层次的视野感受、远处绿意盎然的莲花山给医护人员与病患带来了愉悦的视觉体验。

6. 该模式原型实例所体现出的相关理论："共生思想"。黑川纪章认为，建筑和城市空间是一种"共生"关系，建筑在城市环境中产生，建筑空间与城市空间共存共生，并赋予空间以特定的氛围和意义，这种共生关系表现在两个方面：首先，从城市整体形体环境角度看，环境诸要素之间相互依存，相互制约，形成城市脉络，影响新建筑将以何种方式和面貌加入其中；另一方面，从人类知觉角度看，人们的行为和认知是一个连续的过程。行为框架决定了建筑布局和形态也是整体的，单体建筑加入到整体而不是自行其是。

模式 2 医院建筑护理单元的布置形式

1. 原型实例：深圳市中心医院哑铃状护理单元。

2. 相关说明：通常护理单元可分为中廊式条形、双廊式条形、双廊式变形等几种类型，各有利弊，究竟哪

图 1 建筑整体鸟瞰

图 2 建筑与莲花山、市民中心的关系

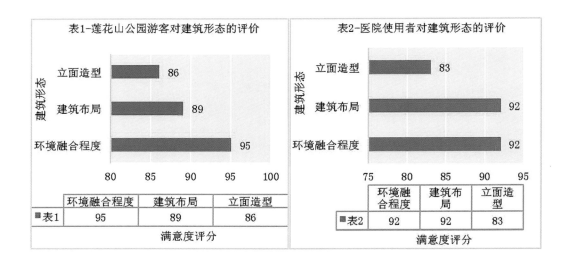

图3

种类型在实际使用中比较合理，需要仔细分析。

3. 应对的问题：护理单元是组成住院楼的基本要素，在护理单元的设计中，如何提高护理单元的效率是设计的关键。而提高护理单元效率最有效的措施是尽量缩短护士站到各病房之间的距离，从而增加护理病人的次数和病床数。

4. 问题的解决方案：通过对各种平面形式如一字形、三角形、人字形、环形等的分析比较，并结合对国内较为先进的医院的考察，最终深圳市中心医院护理单元平面采用哑铃形状，属于双廊式变形护理单元的一种（图4）。每个圆的直径为 36m。每层两个护理单元，每个护理单元设 36 张病床，空间宽阔舒适。每间病房有阳台，日照充足，设独立卫生间，位于靠外墙窗户处。护士站位于圆形的中心，护理服务距离短，每间病房的护理距离相同，护理效率较高，减少了病组之间相互干扰，环境安静。同时平面布局和结构施工比较简单，抗震性能好，辅助设施和管线比较集中，面积节约，便于管理。弧形的走廊使空间变得丰富，哑铃形平面也使得建筑体与立面别具一格（图5、图6）。

5. 使用反馈：从问卷调查结果（图7）可知，住院病人及家属对于护理单元整体上很满意，可以及时得到护理，空气质量、声环境得到较高评分，但对于休闲娱乐空间及色彩材质评分较低。医护人员对于护理

路径有极高（97分）的评分，通过访谈获知，环形的护理路径可以极大减少病房与护士站间的行走距离，给医护人员减轻了不少身体上的负担，也为病人提供了更好的护理服务。这是圆形护理单元带来的最大的优势。但很显然，这种护理单元造成护士站等管理服务用房没有直接的自然采光，也让医护人员不是很满意，只得到 82 分，这也是无法避免的。

6. 该模式原型实例所体现出的相关理论：马斯洛需求层次理论。深圳市中心医院的设计处在生物医学模式向生物－心理－社会综合医学模式转变的大背景下，因此，护理单元的形式应该如何对应这种变化是建筑师首先要考虑的问题。根据马斯洛需求层次理论，人类需求像阶梯一样从低到高按层次分为五种，分别是生理需求、安全需求、社交需求、尊重需求和自我实现需求。医院是满足人类医疗需求、提供医疗服务的专业机构，也是收容和治疗病人的服务场所。所以满足人的生理需求和安全需求是其应当具有的基本条件。但是随着时代的发展，人民生活水平日益提高，作为一座面向 21 世纪的新型现代化医院，只满足基本需求远远不够。深圳市中心医院哑铃形平面布置，使得每间病房与护士站的距离几乎相同，体现了对每一位病人的平等尊重，满足了其尊重需求。而平面的向心性自然形成了一个充满活力的中心，弧形的走廊更丰富了空间体验，增加了社交的可能性，人的社交需求也有所满足。

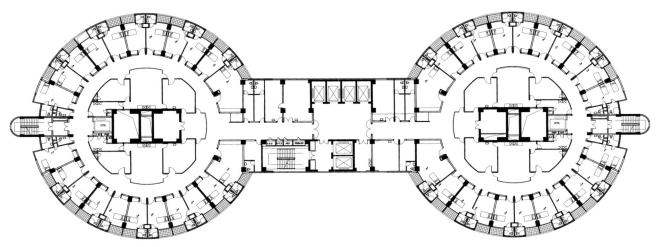

图 4 深圳市中心医院护理单元平面图

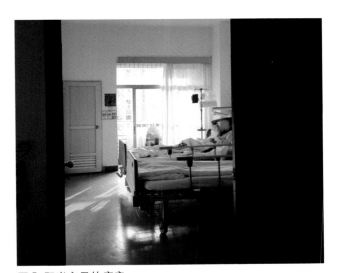

图 5 阳光充足的病房

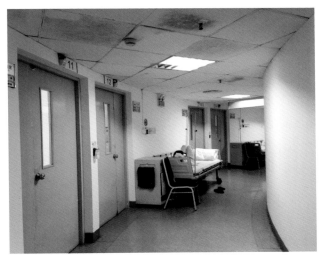

图 6 弧形走廊

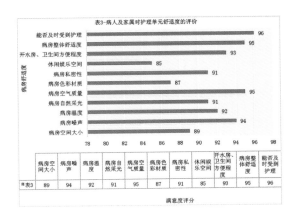

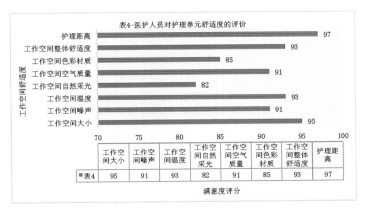

	病房空间大小	病房噪声	病房温度	病房自然采光	病房空气质量	病房色彩材质	病房私密性	休闲娱乐空间	开水房、卫生间方便程度	病房整体舒适度	能否及时受到护理
▩表3	89	94	92	91	95	87	91	85	93	95	96

	工作空间大小	工作空间噪声	工作空间温度	工作空间自然采光	工作空间空气质量	工作空间色彩材质	工作空间整体舒适度	护理距离
▩表4	95	91	93	82	91	85	93	97

图 7

图 8 从室外看向室内

图 9 从室内看向室外

模式 3 建筑入口空间处理

1. 原型实例：深圳市中心医院入口弧形雨棚。

2. 相关说明：建筑入口是建筑外部环境与内部空间的过渡部分。入口对于建筑来说，不仅仅是解决人员的疏散问题，更重要的是满足人们在内外环境发生变化的情况下心理上以及生理上的需求。建筑入口空间的处理直接影响着使用者对建筑内部的第一感受。

3. 应对的问题：医院是重要的公共建筑，如何让其入口具有一定的标志性与引导性，如何做到与城市合理的过渡与衔接，如何体现场所的人文关怀。

4. 问题的解决方案：深圳市中心医院入口雨棚采用飘逸的弧线，极具标志性与引导性；同时柔软圆滑的外形给人以亲近温暖的感受，有助于消解大众对医院心理上的抵触感。同时这也是对医技住院楼形体以及莲花山起伏的山形别具匠心的呼应（图 8、图 9）。

5. 使用反馈：根据问卷调查结果（图 10）可知，前来就诊的病人及陪同的家属对深圳市中心医院入口的处理各方面评价都很高，都在 90 分以上。通过访谈了解到，大部分受访者认为入口的弧形雨棚与其他建筑有明显的区别，引人注目，显示了医院的独特。部分受访者觉得后期加建的咖啡厅与玻璃幕墙使得入口空间显得拥挤。

6. 该模式原型实例所体现出的相关理论：场所精神。

诺伯格 – 舒尔茨（Christian Norberg Schulz）的著作《场所精神——走向建筑的现象学》第一次阐述了场所精神——场所与物理意义上的空间和自然环境有着本质上的不同。它是人们通过与建筑环境的反复作用和复杂联系之后，在记忆和情感中所形成的概念——特定的地点、特定的建筑与特定的人群相互积极作用并以有意义的方式联系在一起的整体，是由人、建筑和环境组成的整体，是自然环境和人造环境有意义聚集的产物。诺伯格·舒尔茨认为存在空间与建筑空间应保持结构上的同型，包括场所与节点、路线与轴线、领域与地区。

入口空间作为建筑的重要节点，是人流的导向与转换中心，"内""外"间的交流与衔接必不可少，当与特定的人的活动联系在一起时，场所感就会产生。因此采用一些艺术处理手法来构建有个性的空间可为人们创造一种精神上的享受。

模式 4 复杂功能聚合的医院建筑的就诊交通组织

1. 原型实例：深圳市中心医院以共享大厅为核心的就诊交通组织（图 11）。

2. 相关说明：交通组织是公共建筑设计的一个核心问题，交通组织顺畅与否直接决定着建筑设计是否合理。医疗建筑内部各种功能流线复杂，活动量大，其间存在着健康人员和带菌者的交叉流动，清洁物和污染品互相影响的可能，病因多样的病人、医护人员和物品等流线极易交叉影响，因此更需要对其流线作深入的分析。

3. 应对的问题：医院建筑功能复杂，科室众多，就诊交通应该怎样组织使前来就诊的病患快速找到目标科室，缩短导诊–就诊–缴费–取药过程的路径与时间。

4. 问题的解决方案：深圳市中心医院门诊部以 4 层通高的共享大厅为核心，各科室围绕大厅布置。公共科室分层设置，药房设置于门诊部二楼，收费处在 二～四层分别设置，从而通过垂直向的功能布置分流了就诊人流。而大厅一侧扶梯的设置能够满足短时间内大量人流的运输。交通流线简单便捷，流程衔接紧密，具有多功能的包容性，空间场所感强。

大厅地面采用拼图花岗石，屋顶为不锈钢玻璃网架，大面积的屋顶采光使得室内光线充足，营造了积极愉悦的治疗环境。人们很容易相互交流，各科室及去向清晰可见，从大厅人们可轻易地发现候诊室等设施位置（图 12、图 13）。

5. 使用反馈：根据问卷调查结果（图 10）可知，前来就诊的病人及陪同的家属对深圳市中心医院就诊大厅整体上满意度较高，尤其是对其自然采光最为满意。对于就诊交通组织，大部分人都可以迅速找到目标科室，对就诊所需时间、就诊全程的路径也较为满意。根据对部分病人及陪同的家属的访谈，他们对大厅空间豁然开朗的感受印象深刻，对扶梯的设置比较满意，但是认为

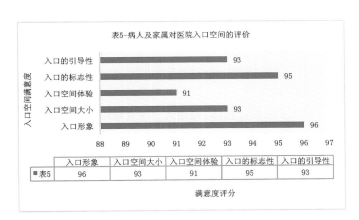

图 10

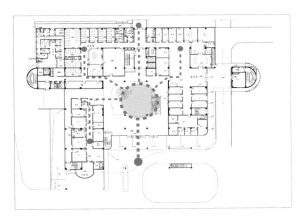

图 11

图 12 共享大厅

图 13 沿大厅布置的走廊及休息空间

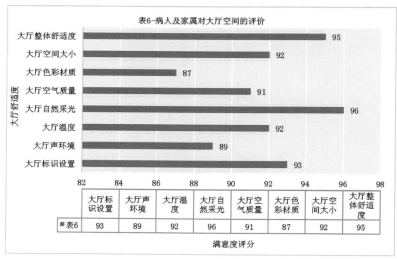

表6-病人及家属对大厅空间的评价

	大厅标识设置	大厅声环境	大厅温度	大厅自然采光	大厅空气质量	大厅色彩材质	大厅空间大小	大厅整体舒适度
■表6	93	89	92	96	91	87	92	95

满意度评分

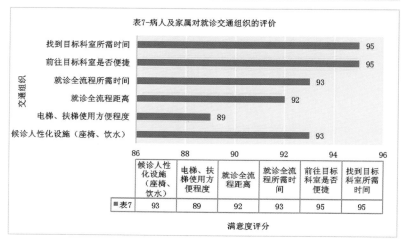

表7-病人及家属对就诊交通组织的评价

	候诊人性化设施（座椅、饮水）	电梯、扶梯使用方便程度	就诊全流程距离	就诊全流程所需时间	前往目标科室是否便捷	找到目标科室所需时间
■表7	93	89	92	93	95	95

满意度评分

图 14

电梯数量不足（图 14）。

6. 该模式原型实例所体现出的相关理论：

波特曼空间。20 世纪 60 年代，约翰·波特曼创造出一种特殊的旅馆空间形式——"共享空间"，也被称为"波特曼空间"。"波特曼空间"是以一个大型的建筑内部空间为核心，综合多种功能的空间，它引入自然，着意创造环境。共享空间在形式上大多具有穿插、渗透、复杂变化的特点，往往高达数十米，成为一个室内的主体广场。波特曼重视人对环境空间感情上的反应和回响，手法上着重于空间处理，倡导把人感官上的因素和心理因素融汇到设计中去。如采用一些运动、光线、色彩等要素，同时引进自然、水、人看人等手法，创造出一种宜人的、生机盎然的新型空间形象。

服务空间与被服务空间（servant versus served）。服务与被服务空间理论的正式提出是路易斯·康在理查德医学中心的项目中，体现了其追求秩序、纪念性、结构理性的建筑理念及对于机电设施与结构结合的思想。空心柱形的服务空间包含管道、楼电梯等辅助功能，而更为开敞的被服务空间则是公共空间、实验室等主要功能。服务空间的单独处理使其在建筑中有机表达，同时被服务空间更加自由、单纯，两者显现出对比统一的二元关系。服务与被服务空间的区分，以及服务空间与结

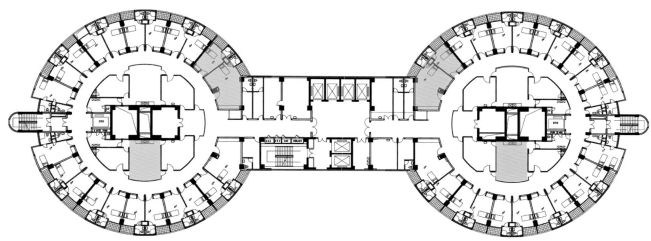

图 15 增加公共活动空间的位置示意

构的融合应成为现代建筑的普遍策略。

三、改进建议

1.增加医技住院楼公共活动空间

由于医院加建了新的外科住院大楼，原医技住院楼现在仅安置内科病人，已有部分护理单元空置。这为提升病房空间品质提供了机会，以解决当初设计时为了尽可能安置更多病房而不得不放弃公共空间设置的问题。因此对于不具有直接传染性疾病的护理单元，建议将朝向最不利的两间病房及中心的部分管理用房改造成棋牌室、图书室、便利店等公共空间，丰富病人及家属的娱乐生活，增加病人间的交流，为病人营造人性化的就医场所（图15）。

2.建议改善室内环境的布置

由于医院建筑本身是一种比较特殊的建筑，它的服务对象是比较特殊的病人，因而医院的设计应该更加亲切宜人。然而深圳市中心医院室内依旧采用的是传统的白墙、白色石膏板吊顶与冷色的瓷砖，显得有些单调乏味。建议运用美学和行为心理的研究成果重新进行室内环境设计，避免产生冷冰冰的室内空间环境。在色彩、装饰、材料、灯光、音响、视听等方面精心布置，创造温馨宜人的气氛，以舒解病患紧张心情，提升治疗效果。

四、总结

通过查阅历史文档及相关学术期刊、论文，结合对建筑的实地调研，以及对医护人员、病患及家属、莲花山公园游客等不同相关人群的问卷调查和访谈，可以全面地了解深圳市中心医院在投入使用二十年后的运行状况。

从外部环境到内部空间，从建筑造型到交通组织，深圳市中心医院均得到了各方面人群的高度认可。虽然社会发展的速度远超当时的设想，现在的就诊人数已是当初设计的数倍，空间的尺度以及电梯数量的布置等一些方面已不能很好满足日常需求，但是因为当初设计的可变性，经过一些改造，建筑依然能够满足医院的大部分功能需求。

医院建筑的设计不仅关乎城市的形象，更与普通民众的生命健康息息相关。一座好的医院建筑，应该能够随着社会的进步而进步，应该能够满足人们日益增长的物质与精神追求，应该坚持以人为本的理念，服务于人民（图16）。

图 16

五、使用后评估回述

　　本项目建成伊始，在初次评优中，经过建筑回访（接近陈述式后评估），对当初设计理念的贯彻得出了反馈研判，初步实现了反馈客户的后评估短期价值。本次后评估，明确以调查式的层次进行（包括回顾、计划、调研、分析、总结等工作阶段），并与之前的回访资料比对。

证实了相关设计理念在经历多年使用考验后，仍对民众生活和建筑学具有贡献意义，并以"循证设计模式"梳理，为同类建筑设计资料库、设计标准和指导规范的更新提供一手资料。同时，梳理"可持续使用改进建议"，以促进建筑性能的持续提高和改善，延长建筑生命周期。因此，本次调查式后评估与竣工后初次评优的建筑回访关联、比对，共同实现了后评估的中、长期价值。

对使用后评估（POE）报告的点评

后评估点评专家 侯 军

深圳中心医院，即北京大学深圳医院是深圳市医疗卫生事业发展具有里程碑意义的标志性项目，也可以说是深圳医院发展史上最具典型意义的案例之一。曾获得医疗、建筑界的广泛好评，获得 2001 年广东省优秀设计二等奖，2002 年建设部优秀设计三等奖。

虽然该项目受当时的历史条件所限，在平面功能布局、护理单元设计、交通流线组织、洁污流程安排等方面存在一定的局限性，但仍不失为一个优秀的医院建筑作品，她为深圳医院建设发展送来了一缕春风，给人以耳目一新的全新感受。

深圳市中心医院给我们展示的是这样一组设计策略：首先，依据地域环境条件和充分预留未来发展用地的前提下，科学地设计了 800 床综合医院所应满足的门诊、医技、住院和医辅配套用房；其次，是综合考虑与莲花山整体环境的协调与对话；最后，是以技术手段加以完善、补充。

本评估报告可以看出，总体布局对自然山体的逊避与尊重、哑铃型护理单元、四层通高采光中庭的门诊大厅、弧形雨棚外部形体及富有招牌特色的灰白色方形面砖肌理等建筑师的设计亮点与匠心，在实际使用过程中都收到与设计初衷一致的良好效果。同时也客观、理性地发现诸如后期为改善人性化服务而加建的咖啡厅与玻璃幕墙使得入口空间显得拥挤，哑铃型护理单元平面功能的局限及使用功能的不完善以及空间尺度、电梯数量不足等不尽人意之处，这些都是设计者和使用者的真实而有益的反馈。

深圳市中心医院历经 18 年仍正常使用，符合当今适用、经济、绿色、美观的设计方针，如今的北京大学深圳医院已成为拥有 1800 床规模的超大型综合医院，雄踞深圳市属超大型医院前列，不仅是深圳早期医院案例的典范，也是深圳市民最值得信赖的优质医疗资源所在。

深圳创维数字研究中心

设计单位：香港华艺设计顾问（深圳）有限公司
设计团队：林　毅　蔡　明　钱伯霖　陈文秀　过　泓
　　　　　王　恺　李雪松　刘连景　吴志清
工程地点：深圳市南山区高新科技园南区
设计时间：1999 年 6 月 ~ 2000 年 6 月
后评估团队：林　毅　孙　剑　王　恺
竣工时间：2003 年 5 月 19 日
用地面积：11992.3m²
建筑面积：62342.4m²
建筑高度：75.6m

奖项荣誉：
　　1998 ~ 2000 年度中国建筑优秀方案设计奖一等奖
　　2001 ~ 2002 年度中国建筑优秀工程设计奖一等奖
　　2004 年深圳市第十一届优秀工程设计奖（公共建筑设计）二等奖
　　2004 年度全国优质工程奖银质奖
　　2005 年广东省第十二次优秀工程设计奖二等奖
　　2005 年度建设部部级优秀建筑设计奖三等奖

　　深圳创维数字研究中心（现为深圳创维大厦）设计方案突破传统办公建筑设计概念，力求体现现代高科技、智能化建筑所包含的空间形态、总体布局、平面设计、交通组织、环境理念与高科技理念，以空间的变化寻求与城市环境的对话。大厦中部设置一巨大的虚空间，避免建筑巨大的体量形成对深南路城市空间的压迫感，同时巨大的空中门式结构赋予建筑自身具有标志性特点的强烈表现力。出于"办公环境应是以人为本的空间"的现代设计理念，在建筑内部强调现代办公建筑高效、便捷特点，进行人车分流。车流根据城市规划设计要求，把道路开口置于基地南端。大楼中部南端为数码产品展示厅主入口，大楼中部北端为数码产品展示厅次入口，中庭首层两侧南北两端分别设置办公入口与货物入口门厅，两者分区明确，便于办公人流与货运的快速疏散。建筑立面造型设计气势雄伟，庄重而有变化，运用现代建筑语言的形体构成手法。建筑虚实相生，极具时代气息和企业文化特质。结构设计具有较大难度特色，屋顶空中观光餐厅层采用 54m 跨度的钢结构设计，在 67m 高空连接东西两部，颇为壮观。连接中部开 9m×9m 圆洞，与裙房圆锥玻璃大厅上下相对，遥相辉映，创造了一个"绿色中庭"空间，将自然融入办公环境，改变了以往封闭的平面式办公空间模式。

十年前建筑全景照

现状全景照

使用后评估（POE）报告

一、结论

本方案从设计建成至使用至今，较好地完成了设计之初的概念与理念，空间使用上也保持较好的状态。在建筑与城市的整体关系上保持得较为协调，兼顾了城市的街道形象与企业对建筑造型的要求。建筑的主体功能和内容仍按照初始的建筑策划及设计进行运行。

二、使用后评估成果之循证设计模式

（一）建筑与城市环境的整体协调关系

1. 原型实例：建筑形体及场地设计与城市空间的空间关系（图 1）。

2. 相关说明：创维大厦从建筑形体关系上尽量削减对城市空间的压迫感，形体上虚与实的处理和体块关系都是在寻求与整个城市空间的协调关系。

3. 应对的问题：深南大道是深圳标志性城市主脉，深南大道周围城市空间的整体关系与项目的关系如何处理，其大道临近建筑如何立足环境本土，建筑空间如何与其所处的自然环境及高新技术园区空间形成对话关系，应采取怎样的策略。

4. 问题的解决方案：注重与周边环境协调，整个布局与"高新技术产业园区"概念相呼应，根据城市规划设计要求，小区道路开口置于基地南端，分为两个进出入口以避免人车交叉，有效地解决人车分流。裙房南北主入口设计为一半圆球玻璃体——数码广场中庭，此中庭为人流聚散的枢纽中心，既是连接水平东西两端的展示

图 1 建筑周边城市面貌

厅，又是贯穿上下三层产品展示区的垂直交通枢纽(图2)。此中庭与数码展示区三层高通透的落地白玻璃连成一体，成为深南大道边的标志造型，同时体现高效、简捷的性格特点。在中庭设置上下扶梯，增加数码展示厅的外墙高度，使得人流进入更便利、迅速、快捷。材料、成品库与创新数码产品试制区分别设置在裙房的首层与地下一层，以减少工作人员上下班、货物集散、噪声、生产对大厦其他功能和环境的影响。基地的东西两端分别为大开间、小开间办公的入口，动静分区明确。

5. 使用反馈：建筑师通过使用后评估问卷统计获悉参观者对创维大厦的建筑形象评价较高（图3、图4）相较周围环境中其他建筑，参观者更欣赏创维大厦的存在方式。对于建筑使用者反馈的信息，创维大厦建筑师团队表示："在整个设计过程中，对环境的原真性和完整性的维护，对建筑表现的斟酌与克制，和对城市主脉保护等相关知识领域信息的解读和接纳，对特区文化传承的尊重，即是创维大厦建筑师团队的态度。"美国规划师和建筑师丹尼尔·伯纳姆的一句话："计划要宏伟，不然不足以搅动热血"，这就是创维大厦建筑师团队的设计动力和灵感来源。

6. 创维大厦所体现出的相关理论："建筑－人－环境"整体概念。1981年国际建筑师联合会第十四届世界会议通过的《华沙宣言》确立了"建筑－人－环境"作为一个整体的概念，并以此来使人们关注人、建筑和环境之间的密切的相互关系，把建设和发展与社会整体统一起来进行考虑。《华沙宣言》强调一切的发展和建设都应当考虑人的发展，"经济计划、城市规划、城市设计和建筑设计的共同目标，应当是探索并满足人们的各种需求"，而这种需求是包括了生理的、智能的、精神的、社会的和经济的各种需求，这些需求既是同等重要的，又是必须同时得到满足的。

（二）虚实相生的空间形态构成

1. 原型实例：创维大厦中央虚空间贯通大楼南北（图5）。

2. 相关说明：此虚空间是建筑与城市、建筑与人对话的窗口，人们可以从深南大道沿逐台叠落的绿化平台接近大厦，或拾级快速进入中庭，空间组织简洁高效。

3. 应对的问题：深南大道是深圳标志性城市主脉，深南大道周围环境空间应被怎样维护，其大道临近建筑如何立足环境本土，建筑空间如何与其所处的自然环境及高新技术园区空间形成对话关系，应采取怎样的策略。

4. 问题的解决方案：建筑是空间的艺术，本设计正是以寻求空间变化的魅力赋予大厦富于激情表现的生命力。创维企业标志整体的设计概念在于形象地表

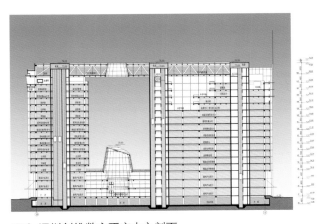

图 2 深圳创维数字研究中心剖面

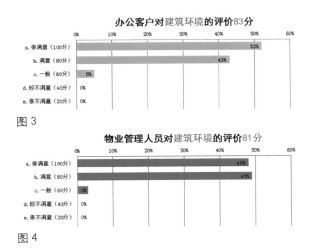

图 3

图 4

现"价值的天空"——切取球形的局部，使画面的表现在狭小的空间内更具备延伸性，从而表现更广阔的空间感。以有限表现无限，从而塑造出创维集团大气磅礴、胸怀无限宽广的企业形象。本设计正是紧紧抓住创维品牌的价值观念，在"空"上做文章。基地为长方形条状，形态构成根据功能要求分为三大块流线。生产车间的水平条状空间作为整个大厦的底部，上部长方体块根据减法原理一分为二，东端为小开间办公，西端为大开间办公，两者以半球形中庭为核心，穿插空中天桥的虚空间所连接，形态互含互否，虚实相生，三大块统一在一长方体中，中央虚空间贯通大楼南北平面（图6），空间变化极具特色，隐喻创维企业品牌"价值的天空"的主题。此虚空间也是建筑与城市、建筑与人对话的窗口，人们可以从深南大道沿逐台叠落的绿化平台接近

大厦或拾级快速进入中庭，空间组织简捷高效。考虑深南大道主要城市景观，主体办公部分作弧面造型处理，空间形体整体大气，颇具雕塑感。

5. 使用反馈：建筑师通过使用后评估问卷统计获悉参观者对创维大厦的造型形象评价较高，认为其具有较强的辨识度，造型也很独特（图7、图8）。相较周围环境中其他建筑，创维大厦整体有较强的虚实对比关系，横向长条窗在立面上具有丰富的节奏感，入口锤形玻璃形体与顶层架空的观光层是创维大厦极为突出的特点。

6. 创维大厦所体现出的相关理论：安德鲁开放式设计。时间成为建造因素后，安德鲁提出了开放式的规划设计：即在每一个项目的发展阶段都可以对项目进行斟酌和改变；建筑在可以不失去连贯性的同时变得更加综

图 5 建筑中的虚与实

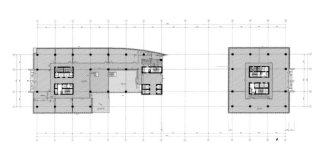

图 6 深圳创维数字研究中心十五层平面

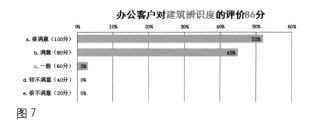

图 7

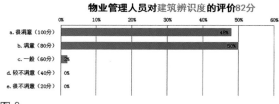

图 8

合和复杂；它吸纳时间因素，从而在概念和造型上逐渐得到加强和发展。安德鲁把开放式规划设计与生物有机体相比，希望能够把未来持续发展变化的可能性融入总体的有机计划中去。他相信这条经验适用于所有大型建筑，尤其是对于城市项目更是如此。安德鲁提出开放式设计的思想与从功能主义角度的出发对运动流线的研究相辅相成，开放式设计需要一个完美的交通为其将来的发展建构骨架，一个完美的交通结构为开放式设计的实现奠定基础。此外开放式设计需要的另一个支撑点就是空间的可生长性和空间的可适应、可改造性。佩里就曾说："我用今天的材料和方法进行设计，但我设计的建筑物在明天使用和改造。"

办公建筑中的共享空间与其公共性

1. 原型实例：创维大厦入口玻璃公共大厅（图9、图10）。

2. 相关说明：此共享空间作为建筑的一个核心空间，将进入该建筑的人流都交汇于此，通过透光的玻璃顶，营造出公共、开放、舒适的共享空间。

3. 应对的问题：办公建筑的入口既需要较强的标示性，也需要一定的公共性，在空间的形式和氛围上需要形成自己独特的建筑空间语汇。

4. 问题的解决方案：方案设计中，裙房南北主入口设计为一半圆球玻璃体——数码广场中庭，此中庭为人

图9 大厦入口

流聚散的枢纽中心，既连接水平东西两端的展示厅，又是贯穿上下三层产品展示的垂直交通枢纽。此中庭与数码展示区三层高通透的落地白玻璃连成一体，成为深南大道边一标志造型，同时体现高效、简捷的性格特点。内部空间形式单一，空间向内产生凝聚力，加上通透的玻璃顶，体现出开放、公共、共享的空间特质。在中庭中设置上下扶梯，增加数码展示厅的外墙高度，使得人流进入更便利、迅速、快捷。

5. 使用反馈：建筑师通过使用后评估问卷统计获悉参观者对创维大厦的共享中庭评价较高，与建筑中的其他空间相比，共享中庭的空间凝聚力更强。建筑使用者反馈的信息，是创维大厦建筑师团队的设计动力和灵感来源。

同时共享中庭也提供给办公人员一个公共、开放的休息与交流平台，基于其空间品质与特性，在使用者的反馈中可以看到，其受到了广泛的青睐（图11、图12）。

6. 创维大厦所体现出的相关理论：建筑场所理论。挪威建筑学家克里斯蒂安·诺伯格—舒尔茨（Christian Norberg-Schulz）在 1979 年提出了"场所精神"的概念，在其著作《场所精神——迈向建筑现象学》中，提到早在古罗马时代便有建筑环境的"场所精神"。"场所"在某种意义上，是一个人记忆的一种物体化和空间化，也就是城市学家所谓的"sense of place"，或可解释为"对一个地方的认同感和归属感"。建筑场所理论要求建筑师塑造的建筑环境在满足使用者行为需求的同时，也通过标志性形

图 10 首层入口大堂

象实现使用者对空间的定位及对环境的认知，进而在使用者的精神层面逐渐形成对该环境场所的认同感与归属感。

三、使用后评估成果之可持续使用改进建议

1. 在创维大厦进行的陈述式建筑师使用后评估中探询到：创维大厦在设计过程中考虑到了建筑与城市的空间关系，以及建筑中空的形体形成了与城市相呼应的轴线关系，这种关系在建筑上得到了应用和体现，但在渐渐使用过程中发现，南广场和北侧绿地之间的关系较为割裂，并没有和建筑轴线取得呼应。可以利用城市绿化带，打通空间轴线，方便人流通行（图13、图14）。

2. 在创维大厦进行的陈述式建筑师使用后评估中探询到：建筑顶部的观光层，空间感受独特，非常吸引使用者，但作为一个休闲、观景为主的空间，缺乏一些休息设施，加上其空间尺度不大，不方便设置休息设施，可以考虑通过改变室内铺地的方式，改善使用者的使用体验（图15、图16）。

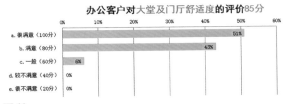

图 11

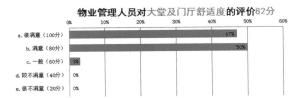

图 12

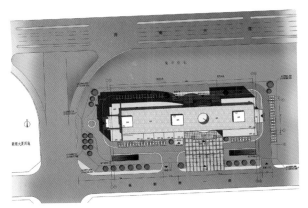

图 13 初始设计

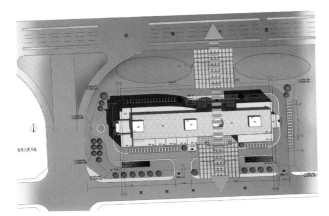

图 14 改进建议图示

图 15 初始设计

图 16 改进建议参考图示

3. 在创维大厦进行的陈述式建筑师使用后评估中探询到：企业的标志虽然非常醒目，但对建筑的造型会造成一定程度的误解，对建筑的外观轮廓也有一定程度的影响，可以在不影响企业形象的前提下，利用建筑的实体墙面放置企业标志（图 17、图 18）。

四、使用后评估回述

本项目建成伊始，在初次评优中，经过建筑回访（接近陈述式后评估），对当初设计理念的贯彻得出了反馈研判，初步实现了反馈客户的后评估短期价值。本次后评估，明确以调查式的层次进行（包括回顾、计划、调研、分析、总结等工作阶段），并与之前的回访资料比对。证实了相关设计理念在经历多年使用考验后，仍对民众生活和建筑学具有贡献意义，并以"循证设计模式"梳理，为同类建筑设计资料库、设计标准和指导规范的更新提供一手资料。同时，梳理"可持续使用改进建议"，以促进建筑性能的持续提高和改善，延长建筑生命周期。因此，本次调查式后评估与竣工后初次评优的建筑回访关联、比对，共同实现了后评估的中、长期价值。

图 17 现状

图 18 改进建议参考图示

对使用后评估（POE）报告的点评

后评估点评专家 侯 军

　　深圳创维数字研究中心是建筑师以其非凡的想象力和创造力诠释"创维科技"这样一个现代高科技、智能化企业总部基地的设计典范，其蒙太奇式造型语言，赋予建筑自身的独特性和标志性，给人以过目不忘的深刻印象。该项目曾获得 2005 年建设部优秀设计三等奖，2005 年广东省优秀设计二等奖，2004 年全国优质工程银质奖，2004 年深圳市优秀设计二等奖，2001~2002 年度中国建筑优秀工程设计一等奖。

　　对这样一座高科技企业总部基地建筑开展使用后评估，本身就扩大了建筑使用后评估的实践领域，具有特别的意义。本评估报告令人信服地表明使用后评估适用于所有建筑与建成环境，是建筑师提高设计水平、检验设计实践的最好途径，也是建筑师总结与发现设计成败、方案优劣所必需的反馈环节。

　　从评估报告可以看出，包括总体规划创维企业精神"价值的天空"的建筑化表现、数码广场绿色中庭、对环境的原真性和完整性维护、对建筑表现的斟酌与克制和对特区文化传承的尊重等设计亮点和匠心，在实际使用过程中都取得了预期的效果。同时也发现若干诸如南北广场的轴线呼应、建筑顶部观光层休闲设施的补充与完善和企业标志的"建筑化融合"等中肯的完善、改进方案，这些都是非常可贵的反馈信息。

深港产学研基地

设计单位：奥意建筑工程设计有限公司

设计团队：赵嗣明　黄　舸　李崇敬　魏　捷　林家骏
　　　　　向焕超　刘千里　孔德政　黄　昕　张庆伟
　　　　　张　涛

后评估团队：宁　琳　莫英莉　王之淳

工程地点：深圳市高新技术产业园南区

设计时间：2000 年 10 月至 2001 年 3 月

竣工时间：2002 年 1 月

用地面积：1.27 万 m²

建筑面积：3.55 万 m²

建筑高度：43.7m

奖项荣誉：
广东省第十二次优秀工程设计二等奖
深圳市第十一届优秀工程勘察设计和优秀规划设计
二等奖
中国建筑学会 2005 年中国工业建筑设计优秀奖
信息产业部电子工业优秀勘察设计二等奖

　　深港产学研基地位于深圳市高新技术产业园南区后海路与科苑大道交叉口西北角，由深圳市政府、北京大学、香港科技大学三方投资合作兴建，主要功能包括北京大学、香港科技大学深圳研究培训中心、产业孵化器及共用的公共设施三部分。9 层方正的产研中心和 5 层倒螺旋造型的培训中心由半地下室公共设施平台联为一体，代表着北京大学、香港科技大学气质迥然不同的文化在深圳高新区平台上的联合，培训中心倒螺旋造型灵感来源于香港科技大学校区前造型日晷——火凤凰，同时也有力地呼应了科苑大道与后海路的交汇转角。9 层方正的产研中心使用空间与服务空间脱离，提供入驻企业整合的使用面积，同时也具备极大空间划分灵活性。

　　半地下室公共设施入口通过下沉式主入口广场，光庭的设置，使下沉空间与上部空间产生联系。半地下室顶平台上由培训中心、产研中心界定的特定场所正是设计的精华，绿化的植入，将绿和四季带入这个场所，给予此场所更人性、更自然的感受。五层教学中心和九层产研中心为分栋式布局，由架起半地下室及空中连廊连为一体。五层教学中心包括各种大小、各式类型的阶梯教室、教室及会议单元，在有限层高内进行了精心的竖向组织设计，公共区为钢结构，倒螺旋玻璃造型为公共区带来最大的开放度及通透性，与方正教学区实体形成对比，也形成整体建筑标志性形体特色。教学区外墙创造性地采用了鲜见于民用建筑而多用于工业建筑的波纹铝板，彰显产学研基地所具备的"生产（孵化器）"功能。

　　9 层产研中心柱跨为 12m×12m、12m×15m，采用大跨度预应力梁板结构，满足产研功能大空间灵活使用要求。空中连廊跨度为 24m，采用了预应力钢梁结构，梁高仅为 0.9m，在层高限制条件下，满足了大跨度无柱空间的要求。

　　教学公共区室内设计采用了极简约风格，与教室内部装饰的多样性形成对比、平衡。

15 年前竣工照片

使用 15 年后照片

使用后评估（POE）报告

一、结论

通过使用后评估确认了深港产学研基地在使用 15 余年后仍保持着良好的使用状态，仍按照初始的建筑策划及设计进行运行。

二、使用后评估成果之循证设计模式

模式 1 符号化且极具表现力的建筑表皮模式

1. 原型实例：深港产学研基地的"工业式表皮"（图 1）。

2. 相关说明：大胆突破性地使用民用建筑中非常规的外墙材料，打造出别具一格的建筑外表皮风格。

3. 应对的问题：建筑外饰面材料单一且乏味，周边建筑无一例外采用灰色涂料或普通饰面砖外墙，整个街区显得无趣且压抑。在当时可选材料有限的前提下如何选择既能与建筑主题相吻合又能打破街区单调乏味的建筑语言，同时还能控制住工程总造价的建筑外饰面，成为建筑外立面设计面临的一大难题。

4. 问题的解决方案：原型案例非常大胆，突破性地采用了当时仅在工业建筑外墙中所使用的波纹铝板（图 2），在建筑创作中为明确设计意图，不拘泥于传统材料与表现形式，通过开创性地跨领域使用建筑材料，鲜明地突出了建筑主体。

5. 使用反馈：使用后评估问卷统计验证了大部分使用者对建筑外表面材料的选取评价很高（图 3、图 4）。从对使用者进行的访谈中获悉：大多数使用者都认为建筑外表面材料别具一格，富有特色并且与整体形象协调。其独特横向肌理在整个片区绝无仅有，无论在远处观察建筑整体还是近距离地接触建筑周边空间，都能深刻感受到材质带来的细腻和挺拔的质感。同时，由于材料自身特性，管理者也反映其具有良好的耐久性及自洁性，几乎不需要做修补维护及清洁，并且由于块材为组合安装，即使单片损坏也易于更换，其造价也相对较低，具有良好的经济性，可以说在外墙材料的选择上，设计是极为成功的。

图1

图2

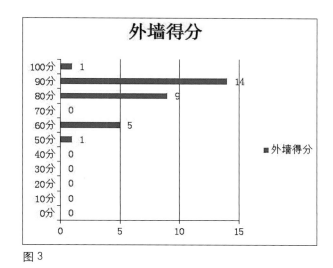

外墙得分

图3

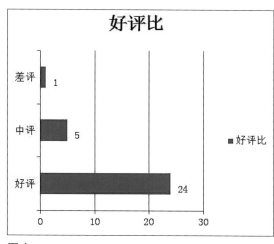

好评比

图4

6. 该模式原型实例所体现出的相关理论：符号象征与建筑相关理论。该理论在由英国建筑学家 Geoffrey Broadbent, Richard Bunt and Charles Jencks (eds) John Wiley and Sons, Chichester 等共同编写的《Signs, symbols and architecture》一书中作了详尽的探讨。书中阐述了建筑符号学的一般性问题，关注符号学方法的应用并介绍了建筑符号学理论研究的有关情况以及指导在建筑设计中如何应用符号方法。对于本项目的指导意义在于其为建筑设计时清晰表现所指，可大胆采用各种材料及手段并赋予建筑场所素质，提供了理论支持及实践指导。

模式2 大胆前卫与具有象征意义的建筑形态设计模式

1. 原型实例：深港产学研基地的倒锥形曲线玻璃体（图5）。

2. 相关说明：建筑一改周边建筑如同"灰盒子"一般的建筑形态，突破性地采用了倒锥形不对称玻璃形体及双曲面玻璃幕墙，形成极具标识性与象征意义的形态意象。

3. 应对的问题：周边同时期建筑无一例外地为功能主义建筑，建筑各个空间按功能特征相互独立，各空间按其预定的功能要求来设计，相互之间缺少关联性及可变性，同时设计也不是从整体系统入手解决问题，这样造就的单调方盒子只为满足功能需求，完全忽视建筑造型、地域文化及形式表现，更无法满足建筑内空间系统灵活可变性、大跨度及可持续发展性要求。

4. 问题的解决方案：建筑设计中采用了结构主义结合形态学的设计手法，既没有采用昂贵的建筑材料来追求所谓的高技性突破，也没有禁锢在老旧的功能主义方盒子里，而是兼顾功能与结构的一体性，各功能空间在一个具有象征性意义的倒锥型玻璃体内有机融合。形态在周边建筑的呆板无趣中极具标识性，但却没有多余的装饰，美感完全来自于精心设计的构成元素和显而易见的构成规则。

5. 使用反馈：使用后评估问卷统计验证了绝大部分使用者对建筑倒锥形的空间形态评价极高。从对使用者进行的访谈中获悉：使用者对倒锥形不对称的玻璃形体印象极为深刻。其独特的造型在片区造就了极具标识性的场所中心。同时在其内部多层打通的布局更是丰富了室内空间并加强了各功能间的连续性（图5、图6）。在使用过程中，其上大下小的特性大大缓解了外窗飘雨及阳光强烈照射的不利影响，对此无论是使用者还是物业管理人员都一致给予了较高的正面评价（图7、图8）。

6. 该模式原型实例所体现的相关理论：结构主义建筑理论。1959年CIAM大会上以路易斯·康、丹下键三和"十次小组"为首的40多名"新的一代"建筑师向功能主义提出挑战，提出了现代建筑发展的新

图 5

图 6

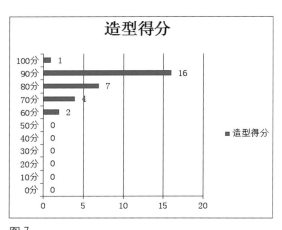

图 7

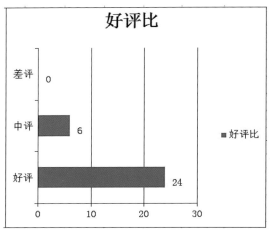

图 8

方向 ——形态学建筑理论。形态学涉及的主要领域有三个：数学几何、力和材料。它们是构成形式及其结构的三个基本要素，相互之间存在着不可分离的联系。在建筑上，这三者之间的制约关系是显而易见的：承受不同的荷载力的建筑物必须具有不同的几何形式或采用不同的支撑材料。其理论为本案的非矩形非对称形体设计提供了设计方向及理论指引。

模式 3 首层大面积绿化与空中花园绿化平台相结合的绿色生态建筑模式

1. 原型实例：深港产学研基地首层及空中花园绿化平台（图 9、图 10）。

2. 相关说明：生态建筑融入整体设计，采用大面积的绿化景观平台处理手法提升建筑品质。

3. 应对的问题：作为同时期高新园区的周边建筑，绿化指标偏低，生态设计的忽视使得周边环境品质较低，在园区附近行走、停留或在建筑本体内部难以感受到自然的存在，同时局部小气候极不友善，热环境较差。

4. 问题的解决方案：建筑在设计时充分考虑与生态、绿地景观相结合，在首层及中间层引入大面积的绿化景观，通过对绿化区域的合理选取及布置、设计，将建筑物所处环境及建筑物本身纳入生态建筑系统，降低建筑物周围微环境的温度，提高空气相对湿度，改善降低噪

图 9

图 10

声危害，从而延长建筑物通过自然通风降温的时间，改善室内空气品质，降低建筑物空调能耗，缓解"城市热岛效应"。

5.使用反馈：使用后评估问卷统计验证了多数使用者及物业管理者对建筑首层及空中花园都有较高评价（图11、图12）。从对使用者进行的访谈中获悉：首层绿化设施的设置使得本建筑与周边同期建筑相比较，品质有明显的跨越性提高。包含在绿化内的休息停留空间为工作人员及来访者都提供了一个相对舒适的环境。而空中花园也成了工作人员工作之余放松的首选场所，获得一致好评。

6.该模式原型实例所体现出的相关理论：Sim Van der Ry 创办 EDI 研究所 1995 年与 Stuart Cowan 合作完成的《Ecological Design》中涉及的设计结合自然及建筑为自然增辉的理论。指出不仅应有较高的绿地指标，如绿地覆盖率、人均绿地面积和人均公共绿地面积，而且还应该布局合理，点线面有机结合，有较高的多样性，组成完善的复层绿地系统，以屋顶绿化等形式增加绿化面积。

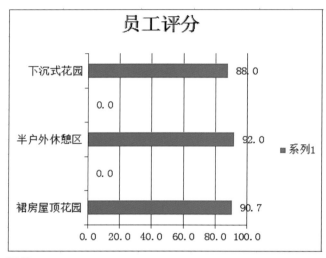

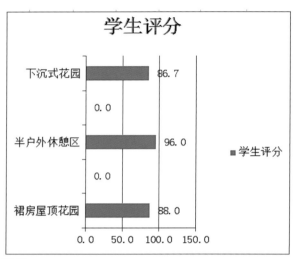

图 11

图 12

模式 4 预应力混凝土的应用及大跨度连廊的建筑模式

1. 原型实例：深港产学研基地东座玻璃体与西座间的大跨度连廊（图 13）。

2. 相关说明：为满足架空层通廊无柱，东座玻璃体与西座间的大跨度连廊采用了预应力混凝土梁。

3. 应对的问题：由于两边建筑层高的限制，层高为 5m，净高要求 4m。梁高仅为 1m，跨高比达 24。根据规范和实验研究，型钢钢筋混凝土梁的最大跨高比为

图 13

16~18。在一般大跨度梁的设计中，截面的选择不是由强度控制，而是由变形和裂缝控制。这主要是由于，在使用阶段，为充分发挥型钢受拉翼缘的应力，受拉钢筋过早屈服，产生较大变形，使混凝土裂缝宽度超出界限值。这一问题限制了型钢钢筋混凝土梁承载力的充分发挥。

4. 问题的解决方案：在设计中采用了日本桥梁结构中使用的预弯型钢预应力技术，即通过预弯型钢使受拉区混凝土获得预压力，从而大大提高了型钢钢筋混凝土梁的变形能力，限制受拉区混凝土的过早开裂。本案通过对24m跨度连廊主梁型钢施加预弯力，使混凝土受拉区获得预压应力，在用钢量没有明显提高的情况下，通过预加力的施加提高了型钢混凝土梁的刚度，解决了它的裂缝问题。

5. 使用反馈：使用后评估问卷统计中，连廊获得了高评分。首先，连廊为两栋主体建筑的交通联系提供的便捷性得到了使用者的一致肯定；其次，从对使用者进行的访谈获悉，连廊下方由于取消了柱子使得首层绿化空间更加通透，也使内广场通行消防车成为可能（图14、图15）。

6. 该模式原型实例所体现出的相关理论：预弯型钢混凝土梁。（日）池田尚治《钢—混凝土组合结构设计手册》，先对型钢施加向下的预弯力，浇筑混凝土，待混凝土达到设计强度的一定值时，释放型钢的预加力。

型钢通过剪力件，对受拉区混凝土施加预压力。预弯型钢使受拉区混凝土获得预压力，从而大大提高了型钢钢筋混凝土梁的变形能力。

三、使用后评估成果之可持续使用改进建议

1. 对于空调冷凝水收集循环使用的改进意见

深港产学研基地在外立面处理上虽然别具一格且十分具有超前性，但在一些细节上还是留下了一点遗憾。尤其在空调机冷凝水排水管的处理上，未作详尽统一的规划，导致空调冷凝水管全由使用方自行处理，有的甚至未处理直接排在花园内，对外立面颇有影响的同时也造成了水资源的浪费（图16）。建议统一在阴角处布置冷凝水管并重新设置雨水循环系统，雨水用以灌溉花园绿植，生态且环保。

2. 对于首层大台阶增加绿化及休憩场所的改进意见

深港产学研基地的首层绿化为使用者提供了舒适的环境，提高了建筑品质，但在设计上还有一些小缺陷。使用者反映：进入西座入口的路径过于曲折，缺少直接且便捷的直达路径。对此建议在保留原水平交通路径的

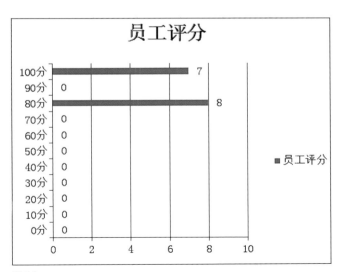

图14

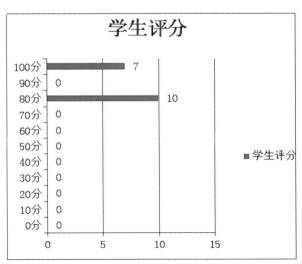

图15

基础上增设一条最短直达路径供通行（图17）。

3. 对于玻璃体顶层温室效应的改进意见

深港产学研基地西座玻璃体是建筑最有特色的部分，但是也有所有玻璃建筑的通病即温室效应。使用者反映由于玻璃体顶层的阳光房受阳光直射后昼夜温差大，导致出现玻璃开裂的情况，同时对于空调能源也是一种极大的浪费。此处建议在顶层阳光房天面增设通风口，利用拔风效应将热空气直接排至室外，在耗能最低的前提下解决温室问题（图18）。

四、使用后评估回述

本项目建成伊始，在初次评优中，经过建筑回访（接近陈述式后评估），对当初设计理念的贯彻得出了反馈研判，初步实现了反馈客户的后评估短期价值。本次后评估，明确以调查式的层次进行（包括回顾、计划、调研、分析、总结等工作阶段），并与之前的回访资料比对。证实了相关设计理念在经历多年使用考验后，仍对民众生活和建筑学具有贡献意义，并以"循证设计模式"梳理，为同类建筑设计资料库、设计标准和指导规范的更新提供一手资料。同时，梳理"可持续使用改进建议"，以促进建筑性能的持续提高和改善，延长建筑生命周期。因此，本次调查式后评估与竣工后初次评优的建筑回访关联、比对，共同实现了后评估的中、长期价值。

图 16

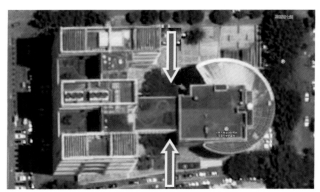

图 17

图 18

对使用后评估（POE）报告的点评

后评估点评专家 于天赤

如果说"万绿丛中一点红"讲的是色彩上的对比关系，那么在一片整齐有序中的"一点圆"就是强调形体上的突出与跳跃。

深港产学研基地是由深圳市政府、北京大学、香港科技大学三方合作兴建，整个建筑由两部分组成，9层规划方正的产研中心和5层倒螺旋的培训中心，培训中心位于城市的转角处，退让于城市道路布置，具有寓意的形态使之成为区域特殊的标志，时至今日仍然具有较高的辨识度。产研中心，从建筑外部来看完好如初，说明方正的布局具有较高的适应性。在后评估调查中也证实了这一点。

这在高速发展变化的深圳高科技园实属不易，证明建筑师当初的创意与设想与实际、相吻合，符合时代发展的要求。

深圳市民中心

设计单位：深圳市建筑设计研究总院有限公司
合作设计单位：美国李名仪 / 廷丘勒建筑师事务所
方案主创：李名仪
设计团队：王启文　涂宇红　冯　春　陈孝堂　周　原
　　　　　林　涛　邓小一　吴大农　岳红文　凌　霞
　　　　　罗　兴　黄文俊　樊　勇　徐以时　周建戎
后评估团队：陈邦贤　涂宇红　张彦平
设计时间：1997~1999 年
竣工时间：2003 年 10 月

工程地点：深圳市福田区
占地面积：9 万 m²
建筑面积：21 万 m²
建筑高度：84.70m
奖项荣誉：
　2006 年获深圳市规划局优秀规划设计三等奖
　2008 年获深圳市优秀工程勘察设计二等奖
　2009 年获广东省优秀工程勘察设计二等奖
　2009 年获中国建筑学会建筑创作大奖入围奖

　　深圳市市民中心位于深圳市福田中心区的中轴线上，南起市民广场，北眺莲花山。分为西翼、中区、东翼三个部分，并采用钢结构网架屋顶连接成一个整体，是集政府办公、市人大办公、礼仪接待、观众会堂、工业展览馆、档案馆、博物馆等多种功能于一体的综合体建筑。工程用地面积 9 万 m²，总建筑面积约 21 万 m²，建筑高度 84.70m，建筑主体为框 - 剪结构。大屋顶和方塔、圆塔色彩采用红黄蓝三原色，方圆形体寓意天圆地方，蓝色大屋顶隐 "大鹏展翅" 之喻。

　　市民中心东翼、中区、西翼每一部分都有各自多个独立的出入口与独立的人车流线。

　　中区建筑由撑起大屋顶的圆塔、方塔及玻璃体裙楼组成，总建筑面积 8.9 万 m²，建筑高度 84.7m。

　　黄色圆塔高 10 层，其中二 ~ 九层为工业展览馆。

　　红色方塔高 12 层，其中一 ~ 四层为 1757 座的会堂，各种大型会议及演出均可在此进行；七 ~ 十二层为深圳市档案馆。

　　两座塔楼下的东、西两个玻璃体裙楼共两层，首层部分由贵宾通道、公众礼仪大厅、接待室、贵宾厅及政府行政服务大厅组成，行政服务大厅设有方圆两个下沉式绿化景观庭院。中区地下一层设有可供给3000 人使用的食堂。

东翼为人大办公及深圳市博物馆所在区域，总建筑面积 4.8 万㎡，地下 1 层，地上 5 层，建筑物总高度 22.8m。其中，地下室设有存放深圳市文物珍宝的博物馆文物库区。地上建筑主要功能为市人大常委会办公（含人大常务会议室及人大会堂）及博物馆，人大办公部分设有一个内部共享庭院。

西翼地下 1 层，地上 5 层，为市政府办公机构所在地，设有两个内部共享庭院。

15 年前竣工时全景照

使用 15 年后全景照

使用后评估（POE）报告

一、结论

通过使用后评估确认了市民中心在使用 10 余年后仍然保持着良好的使用状态，仍按照初始的建筑策划及设计运行。

二、使用后评估成果之询证设计模式

模式 1 城市环境与城市象征形象结合模式

1. 原型实例

深圳市民中心是集市政府主要办公、市民文化活动于一体的综合体建筑。现已成为深圳最具有标志性的建筑之一，成了深圳市政府的形象代言（图 1）。

2. 相关说明

深圳市政府规划的城市中心区——"城市大客厅"，为市民提供良好的公共活动环境，为游客提供优美的旅游环境，为各类人员的工作和生活提供舒适的空间。

作为深圳市福田区城市南北中轴线上最重要的建筑群，设计不仅仅是考虑建筑群自身功能，还应包含更多的标志、形象、政治、纪念性等意义。市民中心建筑群作为中心区标志性建筑，需统领整个市民广场、莲花山公园、福田中心区 CBD 等众多区域的城市空间关系。

3. 应对问题

作为集多功能于一体的综合体建筑，设计所面要对的问题：

1）如何合理组织各种功能布局，各种功能众多的

图 1　福田中心区中轴线上的市民中心

流线？

2）建筑形象如何能反映深圳市政府作为职能部门面向社会公众开放的行政理念？建筑如何以亲民的姿态展现出来？还必须兼备纪念性的特征，必须真正地开放、包容，成为可供市民活动的城市客厅。

3）建筑形象如何能与周边城市环境、城市文脉协调？

4）建筑形象有寓意，如何统领整个中心区的建筑群？

4. 解决方案

从分析城市环境、城市轴线、城市天际线、城市交通、政府的理念等众多因素出发解决问题。

1）城市环境问题

市民中心所处的位置为莲花山下、南侧临深南大道、深圳市中心区南北中轴线上，莲花山为中轴线的制高点，位置之重要显而易见。

周边区域的整个城市空间围绕市民中心来布局。从南往北，轴线上形成宽阔的生态走廊，两侧超高层建筑林立，围合而成一个"城市客厅"。

2）纪念性意义问题

市民中心的意义不仅仅是简单的多功能组合建筑，更体现了深圳这座改革开放最前沿城市的包容与开放姿态，从设计到建造都极具现代城市理念和时代特色。

以大鹏展翅作为标志，波浪线"若垂云之翼"，寓示深圳发展如"鲲鹏展翅九万里"，具有勇于创新的拼搏精神；曲线给人以亲和感、视觉冲击力强，富有韵律性，寓示深圳市政府各部门协调高效运作。

市民中心两个塔楼分别被设计为黄色和红色，取意中华人民共和国国旗的主导色——红色和黄色。大屋顶设计选择蓝色的原因在于蓝色不仅是中国传统所普遍接受的色彩，同时蓝色也象征着天空。市民中心的红黄两色巨塔，如擎天巨柱，支撑着蓝色大屋顶，意味无穷而影响深远。

巨型的屋顶外形突出，体现了深圳展翅飞腾的寓意，也象征中国传统的屋顶飞檐，悠长婉转的挑檐构成十分宏伟的气势。屋顶造型具有强烈的雕塑感，其造型刚柔相济，收放自如，形态极为舒展，令人叹为观止，既显

中国建筑结构上的传统特色，又有极具通透感的现代建筑气魄。现已成为深圳最具有标志性的建筑之一。

深圳市政府规划的城市中心区——"城市大客厅"理念，由于核心建筑市民中心的建成，而得以一步步实现和完成。狭义"城市客厅"是指城市的广场，"客厅"的软硬件无一不体现着这座城市的"待客之道"，是一座城市的符号。当城市建筑群把一座城市的发展、未来、文化体现出来的时候，无疑就成了这座城市的"会客厅"（图2、图3）。

5. 使用反馈

通过使用后评估问卷统计获悉参观者及使用者对市民中心建筑评价较高，参观人员及市民对整个市民中心外观形象非常赞赏，对市民广场，广场两侧公园及通往莲花山大平台等供市民活动驻足的公共活动空间非常满意，对深圳市博物馆、深圳市工业展览馆等公众免费参观的场馆评价较高。建筑师设计团队在整个项目的设计过程中，重点关注了建筑形象、外部公共活动空间品质，重点关注了建筑内部空间与周边绿化环境空间品质，重点关注了地下车库与地铁等交通空间流线的组织。从采访的人员反馈来看，市民中心整体比较有特色，能代表整个深圳，来深圳旅游的外来人员都要从市民广场穿过市民中心去莲花山广场。充分体现了市民中心"城市客厅"的作用（图4、图5）。

6. 该模式原型实例体现出的相关原理

城市公共空间被誉为"城市客厅"，是城市居民休闲娱乐、社会参与、艺术实践和文化表达的共享场所。纽约市第一个综合型的文化规划——《创造纽约（Create NYC）》（2017），就将公共空间文化建设明确为八大文化发展战略之一。市民中心所承载的正是这种公共文化空间的塑造的原理理念。

模式 2 建筑公共空间与环境景观绿化空间结合模式

1. 原型实例：整个市民中心建筑分为三个区。作为众多公共性建筑群，除了大组团下的众多公共空间，

图 2 从莲花山看福田 CBD

图 3 市民中心二层平台的市民公共活动空间

每个片区都有属于自身的供市民活动的公共共享空间、绿化广场等景观休闲空间（图6～图8）。南侧靠近深南路的市民中心广场及广场两侧的公共绿化景观休闲空间，北侧靠近莲花山下的公共绿化景观休闲空间，从广场通过大台阶上到二层直达莲花山公园的平台公共绿化休闲空间，西翼市政府办公楼中间两个内部共享绿化庭院，东翼深圳市博物馆东侧公共绿化景观休闲空间，东翼人大办公区中间的内部共享绿化庭院，中区一层行政服务大厅的两个方圆下沉景观庭院，大平台上深圳市档案馆、深圳市工业展览馆公共活动休闲空间等众多公共共享空间与环境绿化空间相结合，相得益彰。

2. 相关说明：作为"城市客厅"的公共空间，必须能够结合众多环境景观绿化空间提供给人驻足、休憩和活动的空间。"城市客厅"是市民和八方来客共享休闲时光的场所，是整个城市的风景线，是城市品位、特色的集中展示场所，对于市民来说，则是交流、休闲、陶冶情操的共享空间。

3. 应对问题：作为最重要的公共建筑中如此众多的公共活动空间与公共景观空间，如何处理公共空间与建筑自身的关系？如何处理众多公共空间与城市整体规划、城市整体环境的关系，使得公共空间是自然过渡的？衔接连续的舒适宜人的空间是最重要的问题关键。

4. 解决方案：建筑外部空间的创作宜从多角度分析，不同的建筑功能应赋予它不同的外部空间。同时要关注城市整体环境空间的塑造，从多维角度探寻创新契机。深圳市民中心的建筑外部空间可谓丰富多彩，有横向展开空间、竖向穿插空间、立体空间等多角度、多维度组成的公共空间。

市民广场采用中轴线对称模式，中间为广场空间，左右两侧绿地空间，人流可以从周边市政道路进入其中，

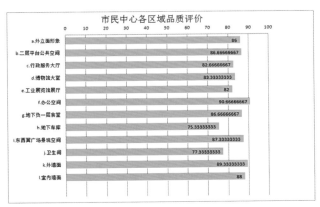

图4 物业调查表

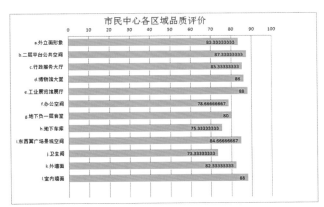

图5 客户调查表

图6 南侧市民广场公共绿化景观空间

图7 东、西两翼内部共享绿化庭院

图 8 二层平台公共观景空间

广场尺度较大、气势恢宏（图 9）。

人可驻足在广场上遥看市民中心大鹏展翅形象，也可沿中间大台阶缓缓而上，到市民中心二层观礼平台，平台延伸至莲花山公园。二层平台两侧绿化，配备有休闲座椅等众多供市民休憩的地方。每到周末市民中心聚集了很多游玩的人，广场上还有很多手艺人，有捏糖人的，有临摹作画的，还有编制手工艺品的，热闹非常。

中区行政服务中心的方形、圆形庭院空间给服务中心窗口办公办事营造了舒适宜人的环境。这些空间的设计均为使用者提供了户外的公共活动空间和绿化景观空间（图 10）。

东翼博物馆、人大办公区和西区市政府办公部分均留有 100 多米宽的公共活动广场及景观空间和内部庭院，空间均设计为开放型空间，可供博物馆参观人员和市政府办公人员及市民休憩使用。办公区的内部庭院与办公空间室内外的穿梭，高大绿植既穿透视线又适当遮挡，打破了沉闷的办公氛围（图 11、图 12）。

5. 使用反馈

通过使用问卷调查，市民及游客等对市民中心公共开放空间及公共景观空间的尺度、配套设施等均很满意。

市民中心是市民周末休闲、外地游客游览观赏的好去处，通过调查，市民对市民中心二层大平台的评价最高。

登上大平台可以远望福田中心区 CBD 商务区，可以漫步休闲到莲花山公园风筝广场。钢结构大屋顶为二层大平台提供了遮阳、防雨等功能。二层大平台上很多市民可以在周末组织活动。为市民提供了一个非常开敞的户外公共活动空间。

6. 该模式原型实例体现出相关原理：花园城市理论及城市客厅原理。英国规划专家霍华德提出的花园城市理论，其思想就是在城市中建立良好的生态花园环境，创造人与自然和谐的环境。

"城市客厅"原理要求城市建筑外部空间需像"客厅"一样，让人舒适地存在于每一个角落，客厅要具有很强的开放及包容性。这就要求建筑师进行城市设计的时候要特别处理好建筑外部空间的设计，同时要注重城市空间的衔接，重点突出绿化景观休闲空间的塑造，强调人与自然景观的和谐共生。

模式 3 大体量、大尺度构架屋顶模式

1. 原型实例

市民中心钢结构大屋顶。

2. 相关说明

市民中心大屋顶采用双曲面的设计手法，平面投影尺寸约 486m×154m（长×宽），最大悬挑长度近 50m，中部采用方塔、圆塔两栋高层建筑与东西两翼顶部的钢

图 9 深圳市民中心广场

图 10 中区首层行政服务大厅内的方圆下沉庭院

图 11 东、西二翼内部共享绿化庭院

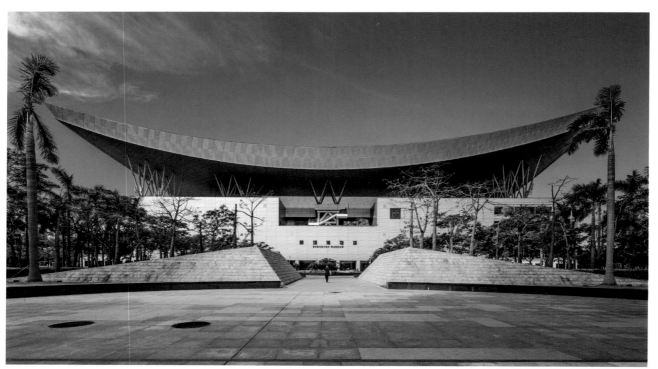

图 12 东、西二翼外 100 多米宽的公共活动广场及景观空间

结构支撑构件，将象征大鹏展翅的大屋顶高高托起，屋顶采用了空间网架结构形式，将建筑的中、东、西三部分整合为一体，塑造了一定的标志性。

大屋顶不仅创造了一个"大鹏展翅"的造型，而且为在屋顶下举办各种露天活动提供了遮光、避雨的便利（图 13）。

3. 应对问题

如何将众多功能的综合性建筑群体设计为一个整体建筑？如何将中轴线的市民中心建筑设计成标志性建筑？如何将具有纪念意义与时代精神的产物展现出来？

4. 解决方案

形态上市民中心建筑群三个区段的建筑通过大屋顶连成一个整体，形成的轴线关系与中心区的中轴线相吻合。

造型上，大屋顶曲线柔美，挑角锋锐的蓝色大屋顶是市民中心最大的特色，也是具有创新意义的建筑形式。它不仅仅赋予建筑本身以意义，更以大鹏展翅为标志，波浪线"若垂云之翼"，寓示深圳发展如"鲲鹏展翅九万里"。

色彩上与蓝色大屋顶搭配的是位于市民中心中区的象征着国旗颜色的红黄双塔，采用中国古代"天圆地方"理念，圆塔和方塔南面首层又设置有方形下沉庭院和圆形下沉庭院，以互相呼应。

5. 使用反馈

通过评估问卷调查，发现市民及游客均为市民中心大屋顶的震撼力所深深折服，对大屋顶所代表的寓意寄予厚望。

6. 该模式原型实例体现出的相关原理

该原型实例体现了现代建筑创作中的第五立面原理。现代建筑既涉及建筑本身，也同样涉及人们的思想意识和精神实质。如此大体量的建筑第五立面空间的塑造，是整个建筑能否统一形象的关键。市民中心正是采用了这种别出心裁的超大屋顶结构形式，让建筑群整体划一、形象突出、寓意深刻。该大屋顶的形式史无前例，系建筑群第五立面设计的超级典范。

三、可持续使用改进建议

1. 绿化空间改进建议

深圳市民中心建筑的公共绿化空间众多，提供给市民不同维度的活动场所，但是在广场东西两侧的绿地景观利用稍显不足，广场及二层平台通往莲花山公园的景观空间供人停留的空间、供人休息的空间不足，空间中缺少避风遮雨的景观小品（图 14）。

2. 交通空间改进建议

据调查显示，市民中心交通网络发达，公交、地铁、公共停车场等使用便利，但缺少大型游览观光车的停靠位置，缺少与深南大道南侧生态走廊空间的立体联系。

图 13　市民中心双曲线面大屋顶

3. 活动组织等改进建议

二层活动平台可以把场地提供给市民组织一些活动，但缺少提供活动的公共配套设施以及一些室内的活动空间。我们要达到的目的是使市民中心真正成为市民免费使用的场所（图 15）。

4. 大屋顶的利用建议

市民中心的大屋顶约 6.2 万 m²，四周没有遮挡。建议适当利用屋顶敷设太阳能薄膜电池，收集和利用太阳能，亦可以收集屋顶雨水，在建筑屋面设收集池，处理后用于市民中心及周边的绿化浇洒、地面冲洗等。同时也可以利用大屋顶侧面和底面安装 LED 显示屏，进行信息发布、知识普及及公益广告宣传等展示（图 16）。

四、使用后评估回述

本项目建成伊始，在初次评优中，经过建筑回访（接近陈述式后评估），对当初设计理念的贯彻得出了反馈研判，初步实现了反馈客户的后评估短期价值。本次后评估，明确以调查式的层次进行（包括回顾、计划、调研、分析、总结等工作阶段），并与之前的回访资料比对。证实了相关设计理念在经历多年使用考验后，仍对民众生活和建筑学具有贡献意义，并以"循证设计模式"梳理，为同类建筑设计资料库、设计标准和指导规范的更新提供一手资料。同时，梳理"可持续使用改进建议"，以促进建筑性能的持续提高和改善，延长建筑生命周期。因此，本次调查式后评估与竣工后初次评优的建筑回访关联、比对，共同实现了后评估的中、长期价值。

图 14 二层公共活动平台遮荫不足

图 15 大屋顶侧面和底面可利用

图 16 约 6.2 万 m² 大屋面

对使用后评估（POE）报告的点评

后评估点评专家 陈晓唐 博士

深圳市民中心是由美国著名华人建筑师李名仪担任主创设计师设计，已建成十余年并屡获重要设计奖与优秀工程奖的深圳市标志性公共建筑。对于这样一座建筑开展使用后评估调研，具有重要意义。通过使用后评估，证实该建筑在使用十余年后仍然保持着良好的使用状态，仍然按照初始的建筑策划及设计运行；其中使用者对于深圳市民中心的外观形象有充分的认同感；对于深圳市民中心公共开放空间及公共景观空间也表示赞赏与肯定；对于深圳市民中心中融实用功能与主题象征的钢结构大屋顶，也表示充分的认可。这些都是令人欣慰的结论。同时，使用后评估也发现，随着使用需求的日益增长，也难免存在若干瑕疵与不足之处。例如深圳市民中心与深南大道南侧生态走廊空间的立体联系、二层平台的休息座椅及配套设施，尚存在不足及不够人性化等欠缺，值得设计者注意并采取措施加以改善。深圳市民中心相较于其他一些相对封闭的政府办公建筑，具有极大的开放性，后评估报告若能补充相关不同功能运维、安防方面的情况则更佳。

深圳华润中心一期（万象城）

设计单位：广东省建筑设计研究院

合作单位：美国 RTKL 国际有限公司

设计团队：江 刚　陈朝阳　吴象峰　彭 庆　刘 嵘
　　　　　莫文杰　金 钊　王业纲　林洪思　罗 弘
　　　　　沈少跃　浦 至　叶志良　苏恒强　龙国兵

后评估团队：吴彦斌　许岳松

工程地点：深圳市深南路南、宝安路西

设计时间：2000 年 5 月 ~ 2003 年 10 月

竣工时间：2004 年 12 月

用地面积：27843.8m² （中区） 8201 m² （北区）

建筑面积：153612.7m² （中区） 76260 m² （北区）

建筑高度：36.7m （中区） 127.8m （北区）

奖项荣誉：

2006 年 9 月建设部优秀勘察设计二等奖

2005 年 7 月广东省第十二次优秀工程设计一等奖

2005 年 12 月第四届全国优秀建筑结构设计二等奖

　　华润中心一期由一座国际 5A 甲级超高层办公楼"华润大厦"和一座大型室内购物中心"万象城"组成。项目位于深圳罗湖区地王大厦南侧，属于繁华的罗湖商业圈中心地段。

　　工程在华南地区率先采用了室内步行街的购物模式，设计充分考虑了地段所处的城市环境，通过引入地铁通道，设置下沉广场，建筑架空通廊、过街天桥、大型室内中庭等手法，妥善地解决了项目的交通组织，为市民提供了一个良好的集办公、娱乐和购物、休闲于一体的综合城市环境，并带动了周边城市区域的发展。

　　购物中心单体功能复杂，包含大型真冰溜冰场、

七厅电影城、超市、百货及各种专卖店、大小餐饮等，商场单层面积超过 2 万㎡。设计以一个有天窗的半月形长条中庭，形成交通主流线，并通过穿插布置的数十部自动扶梯，将五层商场和地下一层商场及地下二层车库联系起来。万象城在我国尚无大型购物中心设计规范的情况下，在大空间设计方面作出了有益的探索，五层大空间的消防问题也通过专题论证得到妥善的解决，为同类工程提供了有益的借鉴，同时也推动了相关消防规范的修订编制。

　　办公楼通过不断优化标准层设计，取得建筑、结构、设备的综合技术平衡，达到高实用率、高智能化、节能环保和最佳的建筑效果。

十年前照片

近期照片 (2018 年)

使用后评估（POE）报告

一、结论

通过使用后评估确认了深圳华润中心一期（万象城）在使用 10 余年后仍保持着良好的使用状态，仍按照初始的建筑策划及设计正常运行。

二、使用后评估成果之循证设计模式

模式 1 向空中拓展的活跃多层街区模式

1. 原型实例：万象城购物中心中庭与多层街区结合对公共空间的营造。

2. 相关说明：作为高强度开发的商业建筑，充分考虑区位及城市的影响力，创造多层次、多维度的主体空间体系，满足大众日益提高、多样性的城市生活需求。

3. 应对的问题：作为城市级购物中心，占据城市核心位置，如何在商业利益的驱动中，响应城市文化，创造前瞻性的城市空间和场所，激发城市活力。传统商业街区密度低，虽能产生多样的场所交流空间，但产权分散，整体档次普遍不高，管理难度高。传统购物中心以百货公司的业态为基础，更为强调单一购物的行为模式，外观庞大单一，内部空间更倾向于追求实用性及效率，并不能为丰富的城市生活提供多样性的空间载体，逐渐脱离民众日益提高的物质文化生活的追求。

4. 问题的解决方案：随着城市的兴起和人口的聚集，集市贸易和商品交换活动作为城市发展中的重要组成功能，也一直伴随城市的生长在不断进化。建筑物作为人类城市活动的重要载体，也随着城市密度的增加在技术的支持下不断发展。建筑物向多层、高层及地下拓展而成为城市向立体空间寻求承载的自然生长结果。作为一个地上面积超过 12 万 m^2 的大型购物中心，在用地高覆盖率的条件下，创造性地在建筑物内部采用了一条 5 层高弧形内街和中庭结合的空间体系。其既有传统中庭开敞的空间感受，又有常规地面街区变化的尺度和良好的游览及观赏性。中庭街区在 200m 长的建筑内部展开（图 1），两端的入口及中部的扩大中庭成为着重考量的空间节点，通过不同的造型及透空处理响应着对城市界面的引入和指向。中部的大尺度中庭更为多样性的城市活

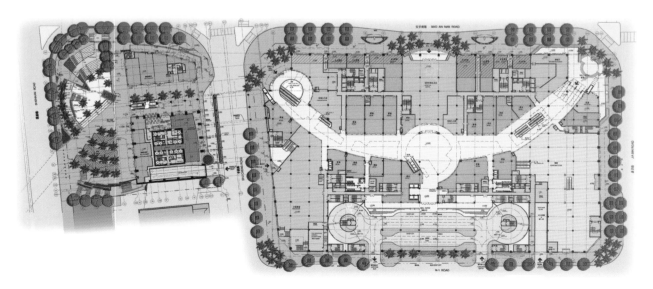

图 1 项目首层街区

动提供了充分的场所（图3、图4）。首层街区最小宽度尺寸超过10m，层高6.5m，开放充足的尺度和宜人的环境使得穿越地块的人群更乐意步入弧形的内街穿行。在二～五层的空中街区，设计上采用街区轮廓适度的变化，上部楼层的环廊逐渐向商铺方向推进，并通过街区端部的处理，使得越往高处走的中庭尺度越为宽广，将顶部月牙形天窗引入室外阳光和天气变化更多地融入室内的街区中来，带来更好的环境体验。在街区两侧环廊联系平台的设置中，也避免了常规中庭各层完全相同的

投影关系，从平台大小、方位及形态上都富有变化，使中庭具有不同的高度关系，形成了各楼层上下街区间良好的视线互动，同时避免了形成尺寸过度的中庭空间和相同边界中庭在高楼层处给顾客带来的高度不适感（图5～图8）。各楼层间自动扶梯的设置，摒弃了各层连续在同一个平面位置叠加的传统做法，兼顾了中庭和街区中顾客的视线，分布上既考虑到设置区位的均衡，也考虑到对空间关系的营造（图2），其路径设置鼓励顾客更多参与各楼层不同区域的游览活动中，增加空间体

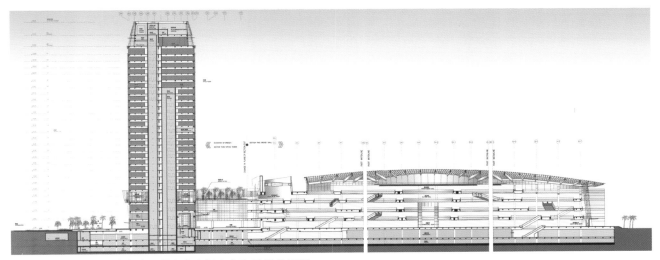

图2 项目剖面。显示中庭街区的竖向空间变化和扶梯的设置

图3 首层街区及中庭空间

图4 首层街区及中庭空间

图 5 中庭街区的空间及变化的边界 1

图 6 中庭街区的空间及变化的边界 2

图 7 月牙形天窗及变化的空中街区边界

图 8 边厅节点（室内外空间交往）

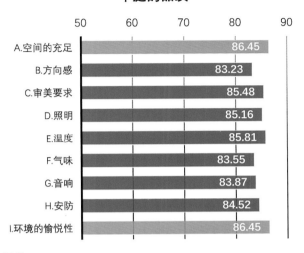

请按下述条目评价购物中心内部街区及中庭的品质

A.空间的充足	86.45
B.方向感	83.23
C.审美要求	85.48
D.照明	85.16
E.温度	85.81
F.气味	83.55
G.音响	83.87
H.安防	84.52
I.环境的愉悦性	86.45

图 9

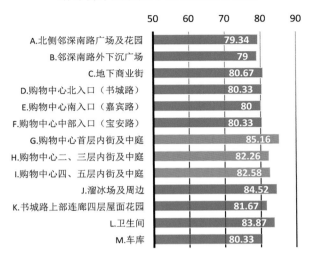

请评价本建筑如下区域的综合品质

A.北侧邻深南路广场及花园	79.34
B.邻深南路外下沉广场	79
C.地下商业街	80.67
D.购物中心北入口（书城路）	80.33
E.购物中心南入口（嘉宾路）	80
F.购物中心中部入口（宝安路）	80.33
G.购物中心首层内街及中庭	85.16
H.购物中心二、三层内街及中庭	82.26
I.购物中心四、五层内街及中庭	82.58
J.溜冰场及周边	84.52
K.书城路上部连廊四层屋面花园	81.67
L.卫生间	83.87
M.车库	80.33

图 10

验感和对街区游览的充分性。

5. 使用反馈：使用后评估问卷统计验证了绝大多数使用者对购物中心内部街区的综合品质评价得分很高，并且在具体的品质评价中，对空间的充足和环境的愉悦性给出了最高的得分评价。项目对内部中庭街区空间的营造是相当成功的（图 9、图 10）。

模式 2 溜冰场在购物中心内的积极影响模式

1. 原型实例：深圳华润中心一期万象城在内部设置溜冰场（图 11）。

2. 相关说明：购物中心逐渐作为多元生活元素的聚集，引入多种业态，包括运动的场所，增加内部空间的丰富性，增强吸引力。

3. 应对的问题：溜冰场作为购物中心的新兴业态，有着占地多、运行成本高等特点，如何设置溜冰场在购物中心内的平面位置，楼层选择，空间规划，充分发挥其价值。

4. 问题的解决方案：本项目作为国内较早引入溜冰场的购物中心，其在定位中不局限于提供体育运动场所的概念，在楼层和位置选择上（图 12、图 13），更多

地考虑到溜冰场的空间需求，并将其空间特点和活动特征良好地展现，与顾客间产生良好的互动。溜冰场在其中就如一道风景，给街区带来活跃的气氛，拓展了周边业态的观赏界面。溜冰场设置于四层，位于整个购物中心街区的中部核心位置，其中一个短边与购物街区相邻，两层高的透空尺度无疑在四~五层中形成了另一个中庭共享空间，增强了高楼层的吸引力，为高楼层带来更多的客流。在四~五层溜冰场长边的两侧，布局为餐饮店，五楼更是设置了叠级的观赏廊道，为顾客休息和简单就餐提供了场所，顾客可以在就餐和休息的同时，观看到溜冰场上的活动（图 14、图 15）。设计充分利用了溜冰活动的观赏性，带动了顾客的停留和消费体验，为高楼层的商业界面提供更好的价值。

5. 使用反馈：从后评估问卷统计数据中发现，溜冰活动虽然是被访者发生频次较低的活动（图 16），但被访者对溜冰场的认可度相当高，得分仅次于首层街区（图 17），而且四~五层街区的评价也略高于二~三层街区，打破了传统购物中心楼层增加价值递减的规律。由此可见，溜冰场在楼层及位置选择上和周边功能的组织体系上，对高楼层街区作出了很大的贡献。

图 11

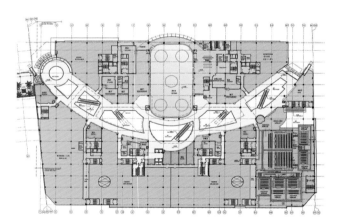

图 12 四层平面图

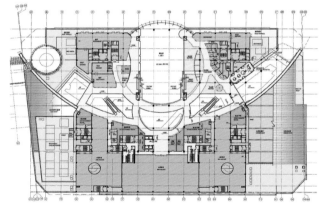

图 13 五层平面图

图 14 溜冰场两侧布局餐饮业态

图 15 溜冰场两侧的叠级廊道，为休憩的顾客提供了良好的观赏条件

您访问本建筑的目的是什么？

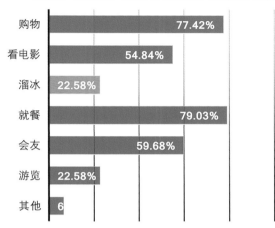

图16

请评价本建筑如下区域的综合品质

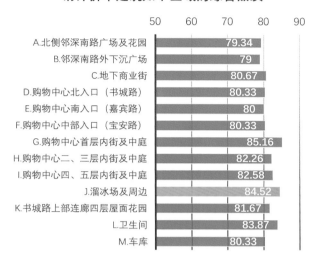

图17

模式3 下沉广场的公共空间场所营造模式

1. 原型实例：深圳华润中心一期于城市主干道交汇处设置下沉广场（图18）。

2. 相关说明：下沉广场的设置是丰富城市空间，提供活力场所，提升地下空间使用价值的有效方法。

3. 应对的问题：如何响应建筑位于城市重要界面的场地需求，如何增加地下商业开发的价值，如何对地下城市交通进行有效的组织。

4. 问题的解决方案：深南路与宝安路的交界处，是城市重要的节点，作为深圳第一街的深南大道和对面相望的深圳第一地标地王大厦，设计上需要对应有充分的回应和阐释。通过大场地、具有展示功能的下沉广场及都市街心公园、"罗马走廊"、空中花园、过街天桥等系列不同风格和造型的空间设计和细腻的表现手法，为人群的引入提供了良好的导向和指示，既响应了城市设计的界面要求，也突出了项目的高品质。面向地王大厦方向的下沉广场，成为其开放空间的核心。交通功能上为连接穿越深南路地下人行通道

图18

的出口之一，为地铁站的连接预留了接口，也是项目地下商业街区的主要室外入口，成为其门户的作用（图19、图20）。下沉广场面向道路侧的界面为台阶式的形态，在有限的用地下营造了开阔的视觉效果。通过台阶座位、台阶水景、景观台、景观墙、多层次的绿化等系列元素沿中心点圆弧形向心地布局，结合地面

广场公园形成共同肌理。下沉广场给市民带来了适合停留的公共场所，在这个深圳最繁忙的行人、交通和都市生活中心，精心策划了此处自然清新的休闲空间。街区的小憩，咖啡，读报或者计划的浪漫晚餐，驻足聆听一段荡气回肠的爵士乐将成为深圳市民日常享受

的生活情调。随着夜幕的降临，活跃广场里青春的身影，灯光的蹿动，杯盏交叠，为四季的都市注入了无穷的魅力（图 21、图 22）。

5. 使用反馈：下沉广场整体得分较好，但较室内街区低（图 23），到达此区域的时间少于 10 分钟比例接

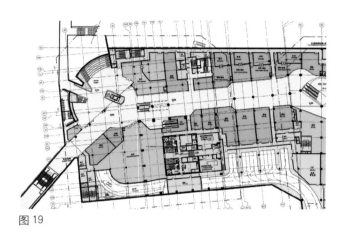

图 19

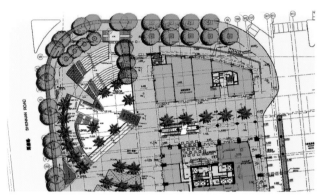

图 20

图 21 大台阶上休息交往的人群

图 22　多层次标高的行走平台及下沉广场建筑形态的塑造

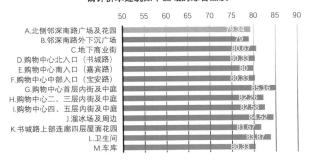

图 23

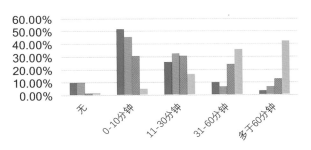

图 24

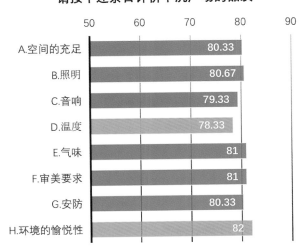

图 25

近半数（图 24），显示其更多为连接地铁及地下过街地道的交通性功能，人群普遍的停留时间较短，但环境的愉悦性得分最高，反映出设计上对下沉广场的形态构成、用材、色彩等均较为用心，具有良好的观赏性，提供了充足的休憩场所，也有一定的聚合能力。温度得分最低，反映出顾客对南方气候的敏感程度仍然较高。室外场所的营造，气候条件仍然成为制约其舒适度、停留时间的重要因素（图 25）。

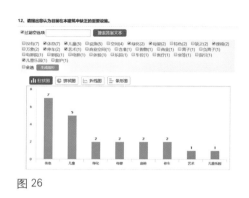

图 26

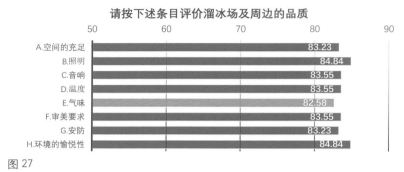

图 27

三、可持续使用改进建议

1. 增设母婴室及顾客休息区

根据调查表汇总数据的关键字提取（图 26），被访问者认为项目中缺乏的重要设施和改进建议，休息区和儿童设施的缺乏占有较高的比例。根据城市人口结构的变化，建议项目中增设母婴室、儿童活动和寄存设施，并在各个楼层增加适当的顾客休息区域。

2. 提高溜冰场及周边区域空气品质

根据调查表中对溜冰场各项内容的评价和现场考察（图 27），可以发现溜冰场周边气味对被采访者的评价产生一定的影响，得分是最低的。建议运营方控制周边餐饮店铺的形态，并改善此区域通风的状态，减少餐饮气味对周边产生的负面影响。

四、使用后评估回述

本项目建成伊始，在初次评优中，经过建筑回访（接近陈述式后评估），对当初设计理念的贯彻得出了反馈研判，初步实现了反馈客户的后评估短期价值。本次后评估，明确以调查式的层次进行（包括回顾、计划、调研、分析、总结等工作阶段），并与之前的回访资料比对。证实了相关设计理念在经历多年使用考验后，仍对民众生活和建筑学具有贡献意义，并以"循证设计模式"梳理，为同类建筑设计资料库、设计标准和指导规范的更新提供一手资料。同时，梳理"可持续使用改进建议"，以促进建筑性能的持续提高和改善，延长建筑生命周期。因此，本次调查式后评估与竣工后初次评优的建筑回访关联、比对，共同实现了后评估的中、长期价值。

对使用后评估（POE）报告的点评

后评估点评专家 沈晓恒

深圳华润中心一期（万象城）由在商业建筑领域颇具影响力的公司——美国 RTKL 国际有限公司和广东省建筑设计研究院合作设计完成。已投入使用约 15 年，至今仍是深圳非常成功的商业建筑，吸引着大量的公众及消费者前往。该项目建筑本身也获得了建筑的全国、省级、市级优秀奖项。对这样一座拥有巨大人流量的优秀商业建筑开展使用后评估，将对商业建筑以至更多的公共建筑产生积极而有益的影响。通过使用后评估的循证过程，证实该商业中心在投入使用 10 余年后仍保持着良好的使用状态，很好地按照初始的建筑策划及设计正常运行。其中，活跃的多层街区设计模式，打破了传统商业街与传统购物中心的隔阂，将二者的优势进行了整合，回避了二者各自在空间上的不足；在商场的设计中巧妙地加入溜冰场这一设施，丰富了商场的业态，也为商场带来了空间上的多元性，使得这一空间具有了"运动 + 观演 + 商业"的综合性质；下沉广场所营造的室外公共空间，成为室外与地铁及地下商业区域的重要连接点，提高了商业空间的价值，也为消费者提供了非常充足的休息空间。在这些优秀的结论之下，我们可以看到其背后还有一定的不足有待提升：溜冰场周围所设置的餐饮业态对这一空间范围带来了不良的空气影响，下沉广场的遮蔽空间不足使得消费者难以在夏季于此处逗留，整个商场的母婴室、儿童活动设施、休息区缺乏等，这些也值得设计者及行业在现在及未来的项目中反思和学习，使得此类建筑的设计在未来得到更好的效果。此外，该项目在交通组织及停车布局等方面的经验也值得肯定，若是在报告中有所体现会更好。

深圳文化中心

设计单位：北建院建筑设计（深圳）有限公司

合作设计单位：日本矶崎新事务所

主创设计师：矶崎新　蔡　克　洪　柏

设计团队：朱小地　蔡　克　洪　柏　刘晓征　谭耀辉
　　　　　王小用　莫沛锵　侯　郁　王立新　张树为
　　　　　章利君　王　权　张瑞松　黄　河　苏艳辉

后评估团队：黄　河　陈晓唐　宋婷婷

工程地点：深圳市福田区

设计时间：1999 ~ 2001 年

竣工时间：2003 年

用地面积：56000m²

建筑面积：89000m²

建筑高度：40 m

奖项荣誉：

　　2008 年北京市建筑设计研究院年度优秀工程一等奖

　　2009 年北京市第十四届优秀工程设计一等奖

　　2009 年度全国优秀工程勘察设计行业奖建筑工程
　　一等奖

　　2015 年第十四届全国优秀工程勘察设计银奖

设计特点：城市 = 剧场　文化中心 = 舞台
　　　　　市民 = 演员　文化活动 = 节目

十余年前竣工全景照

使用十余年后全景照

使用后评估（POE）报告

一、结论

通过使用后评估确认了深圳文化中心在使用 10 余年后仍保持着良好的使用状态，仍按照初始的建筑策划及设计运行。

二、使用后评估成果之循证设计模式

模式 1 大型公共建筑的标志性入口模式

1. 原型实例：深圳文化中心的"金树大厅""银树大厅"入口（图 1）。

2. 相关说明：大型公共建筑常常通过入口树立其标志性。

3. 应对的问题：如何结合具体环境设置大型公共建筑的入口，如何塑造入口的特色。

4. 问题的解决方案：建筑创作过程中，应首先对项目的具体环境及内在性质进行分析，在此基础上寻找合适的策略、方法。原型实例的深圳文化中心被市政路分隔为音乐厅与图书馆两部分，并共同面向市政厅—中央绿化带—莲花山城市视觉轴线（图 2）。建筑师团队特意通过架空于市政路上方的公共文化广场将分隔开的两部分连成一体，并在临向公共文化广场的两部分建筑体的端头分别设置入口。对偶的俩入口被塑造为独特的"金树""银树"钢结构玻璃体，实现了两部分建筑体笔断意连的整体性，并树立了"文化森林"主题的标志性（图3）。"金银树"造型体现了大型钢结构与建筑主题空间的有机统一，经不断拼叠而成的高次超静定钢结构体系宛若主树干伸展而出的层层枝杈（图 4），共同形成覆盖面积约 1500m² 的玻璃幕墙树冠（图 5）。

5. 使用反馈：通过使用后评估问卷统计验证了绝大部分使用者对"金银树大厅"环境品质评价较高（图6 ~ 图 9）。从对使用者进行的访谈中获悉：使用者对这两座标志性入口大厅具有较强的认同感与归属感。

图1

每当使用者在室外逐渐走近"金银树大厅"时，都会被玻璃幕墙后朦胧浮现出的胜景所吸引，层层叠叠的"文化森林"深处似乎蕴藏着无尽的文艺瑰宝等待着去发掘（图10、图11）。夜幕降临，饱读图书后的读者们从"银树大厅"北望，灯火阑珊处恰是"金树大厅"向他们发出的艺术盛宴邀请。不少使用者评论道："非常奇特的建筑风格，到了夜晚非常美丽。"

6. 该模式原型实例所体现出的相关理论：建筑场所理论。挪威建筑学家克里斯蒂安·诺伯格—舒尔茨（Christian Norberg-Schulz）在1979年，提出了"场所精神"的概念。在其著作《场所精神——迈向建筑现象学》中，提到早在古罗马时代便有建筑环境的"场所精神"。"场所"在某种意义上，是一个人记忆的一种物体化和空间化，也就是城市学家所谓的"sense of place"，或可解释为"对

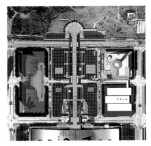

图2

图3

图4

图5

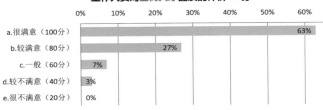

图6

观众对**金树大厅**品质的评价 **87.2分**

	0%	10%	20%	30%	40%	50%
a.很满意（100分）					43%	
b.较满意（80分）						50%
c.一般（60分）	7%					
d.较不满意（40分）	0%					
e.很不满意（20分）	0%					

图7

工作人员对**金树大厅**品质的评价 **90分**

	0%	10%	20%	30%	40%	50%	60%
a.很满意（100分）							63%
b.较满意（80分）			27%				
c.一般（60分）	7%						
d.较不满意（40分）	3%						
e.很不满意（20分）	0%						

读者对**银树大厅品质的评价** 86.8分

	0%	10%	20%	30%	40%	50%
a.很满意（100分）					50%	
b.较满意（80分）				40%		
c.一般（60分）	7%					
d.较不满意（40分）	0					
e.很不满意（20分）	3%					

图 8

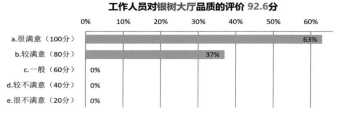

工作人员对**银树大厅品质的评价** 92.6分

	0%	10%	20%	30%	40%	50%	60%
a.很满意（100分）							63%
b.较满意（80分）				37%			
c.一般（60分）	0%						
d.较不满意（40分）	0%						
e.很不满意（20分）	0%						

图 9

图 10

图 11

一个地方的认同感和归属感"。建筑场所理论要求建筑师塑造的建筑环境在满足使用者行为需求的同时，也通过标志性形象实现使用者对空间的定位及对环境的认知，进而在使用者的精神层面逐渐形成对该环境场所的认同感与归属感。

模式 2　大型公共建筑的观景模式

1. 原型实例：深圳文化中心大空间的观景策略（图12、图 13）。

2. 相关说明：大型公共建筑的观景模式是结合有利的外部环境、提升空间品质的有效方法。

3. 应对的问题：如何在大型公共建筑中最有效地利用外部景观资源，并将其融入建筑使用者的日常行为。

4. 问题的解决方案：结合大型公共建筑通常规划于城市景观附近的特点，宜将建筑外部的景观资源作为建筑创作的重要出发点之一。在原型实例的深圳文化中

中，建筑的长边朝向市政厅—中央绿化带—莲花山城市视觉轴线景观，建筑师团队在建筑构思阶段就考虑将外部景观资源通过如琴弦般的玻璃垂幕吸纳入建筑内部，并与建筑中重要的两种日常行为——图书馆的开放式阅读行为与音乐厅休闲行为形成互动（图 14）。玻璃垂幕中一系列倾斜角度的钢柱骨架截面特意设计为扁长形，以尽量减少构件对外部景观的遮挡（图 15）。

5. 使用反馈：通过使用后评估问卷统计验证了绝大部分使用者对建筑内部主空间的观景品质评价较高（图16 ～图 19）。对图书馆读者进行的访谈获悉：靠近玻璃垂幕的阅览座席通常是读者优先选择的位置，许多读者表示："大大的落地窗，采光特别棒，在里面看书累了，还可以抬头看看蓝天白云，环境很不错。"（图 20）对音乐厅观众进行的访谈获悉：无论是日常的等场，还是特别日子的"音乐下午茶"（图 21），巨大玻璃垂幕吸纳入建筑内部的都市景观、演奏大厅巨大形体及支撑屋顶的"金树"共同为深圳市民搭建了一座都市剧场——

图 12

图 13

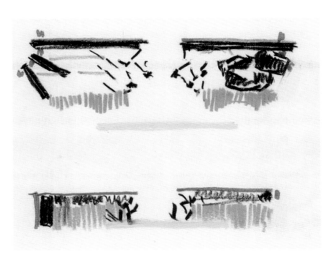

图 14

图 15

读者对阅览空间的观景品质评价 95.4分

a.很满意（100分）	77%
b.较满意（80分）	23%
c.一般（60分）	0%
d.较不满意（40分）	0
e.很不满意（20分）	0

图 16

工作人员对阅览空间的观景品质评价 81.4分

a.很满意（100分）	27%
b.较满意（80分）	53%
c.一般（60分）	20%
d.较不满意（40分）	0%
e.很不满意（20分）	0%

图 17

观众对休息大厅的观景品质评价 83.4分

a.很满意（100分）	30%
b.较满意（80分）	57%
c.一般（60分）	13%
d.较不满意（40分）	0
e.很不满意（20分）	0

图 18

工作人员对休息大厅的观景品质评价 92分

a.很满意（100分）	67%
b.较满意（80分）	26%
c.一般（60分）	7%
d.较不满意（40分）	0%
e.很不满意（20分）	0%

图 19

充满活力的公共聚集空间，巨大玻璃垂幕模糊了内外部之间的界限，每一位市民既是剧场中的观众，亦是其中精彩文化活动的演员。

6. 该模式原型实例所体现出的相关理论：窗外景观影响理论。窗外景观影响理论由美国得克萨斯 A&M 大学建筑学院 Ulrich 教授 1984 年在《科学》杂志上发表的《窗外景观可影响病人的术后恢复》论文提出。该文描述了对同一走廊两侧病房内的患者进行为期十年的对照观测。其结果证明：病房窗外的自然景观比另一病房窗外的砖墙景观更有利于患者术后的恢复，并减少了患者所需住院时间及所需止痛药的强度和剂量。这篇文章的意义在于，它首次运用严谨的科学方法证明了窗外景观对室内使用者的重要作用。

模式 3 图书馆开放空间环境氛围模式

1. 原型实例：深圳文化中心（图书馆）的开放阅览空间（图 22）。

2. 相关说明：开放阅览空间是绝大多数现代图书馆采取的形式。

3. 应对的问题：如何创作独特的开放空间，并营造相应的环境氛围。个别图书馆只是简单地通过楼板局部透空处理，远未达到氛围营造的效果。

4. 问题的解决方案：阅览空间的独特开放性宜立足

图 20

图 22

图 21

具体条件进行设计，氛围的营造宜从读者的行为感官出发。在原型实例的深圳文化中心（图书馆）中，建筑师团队策略性地在建筑朝向市政厅—中央绿化带—莲花山城市视觉轴线的主立面玻璃垂幕一侧打造了可以最大化吸纳外部景观进入各层的通高边庭。各层开放式的阅览空间均向此边庭开放，设在边庭的楼梯使读者在上下楼的行为中进一步感受到玻璃垂幕模糊内外界限后边庭所具有的独特开放格局（图23）。独特开放格局促进了集体学习氛围的营造，这种氛围尤其通过边庭底部大台阶"书山山坡"及其两端二层标高处读书空间的对景获得加强（图24、图25）。

5. 使用反馈：使用后评估问卷统计验证了绝大部分使用者对开放阅览空间的品质评价较高（图27、图28）。从对使用者进行的访谈中获悉：深圳文化中心（图书馆）独特开放格局下集体学习的建筑环境氛围令读者印象深刻。层层叠叠的开放阅览空间促进了读者之间学习行为的感染：每当有个别读者倦怠时，周围孜孜以求的热情读者就仿佛是最好的伴读，或是倦怠者反观到的理想自我，会不断地鞭策倦怠者走出困乏，继续学习下去。许多读者评论到："很喜欢这里的氛围，大家都在认真地做着一样的事，那种氛围，特别棒！"（图26）

6. 该模式原型实例所体现出的相关理论：建筑氛围理论。建筑氛围理论是瑞士建筑家卒姆托在其《建筑氛围》中特别提到的理论。当一座建筑物成功打动人时，是氛围在打动人。人们通过敏锐的情感来体验氛围——这种体验是人类需要的生存之道。人们有能力凭直觉欣

图23

图 24

图 25

图 26

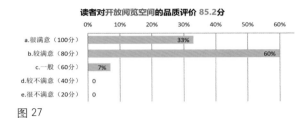

读者对开放阅览空间的品质评价 85.2分

	0%	10%	20%	30%	40%	50%	60%
a.很满意（100分）				33%			
b.较满意（80分）							60%
c.一般（60分）	7%						
d.较不满意（40分）	0						
e.很不满意（20分）	0						

图 27

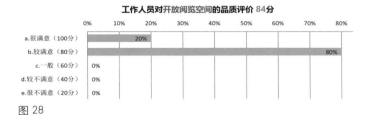

工作人员对开放阅览空间的品质评价 84分

	0%	10%	20%	30%	40%	50%	60%	70%	80%
a.很满意（100分）			20%						
b.较满意（80分）									80%
c.一般（60分）	0%								
d.较不满意（40分）	0%								
e.很不满意（20分）	0%								

图 28

图 29

赏，靠自发的情感反应，于刹那间否决某件事情。这与线性想法非常不同。卒姆托对如何创造"氛围"总结了九大方面，包括建筑本体、材料兼容性、空间的声音、空间的温度、周围的物品、镇静和诱导之间、室内外的张力、密切程度、万物之光。

模式 4 基于功能需求的观演空间模式

1. 原型实例：深圳文化中心（音乐厅）演奏大厅的峡谷梯田式观众席空间（图 29）。

2. 相关说明：峡谷梯田式观众席空间是音乐厅观演空间的一种形式。

3. 应对的问题：如何塑造观演空间，使观众席获得理想的音响效果及观赏体验。个别观演空间为求新而求新，结果出现了一些音质平庸、不合逻辑的"奇奇怪怪空间"，令人惋惜。

4. 问题的解决方案：观演空间的独特性宜立足于观演空间视觉、听觉的功能需求出发。在原型实例的深圳文化中心（音乐厅）演奏大厅中，设计团队采用峡谷梯田式布局，即演奏台在中央，观众席分成各块体分布在舞台周围。各块体根据视线分析、声场分析灵活布置，使观众席获得了理想的视听效果。各观众席块体均由倾斜的声反射板围起，起到了很好的声学作用（图30、图31）。

5. 使用反馈：使用后评估问卷统计验证了绝大部分使用者对演奏大厅梯田式观众席空间品质的评价较高（图32、图33）。通过访谈获悉：演奏大厅梯田式座席参差，从空间的各个方向、层次向中心舞台延伸发散，令观众印象深刻。一些观众表示："演奏厅的设计不仅达到最佳观演效果，而且音响极佳。"据使用者反馈，相比传统的整体式观众席，梯田分块式观众席犹如放大的包厢独立进出，其内的观众均由该区对应的工作人员

图 30

图 31

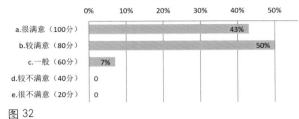

观众对梯田式观众席空间品质的评价 87.2分

图 32

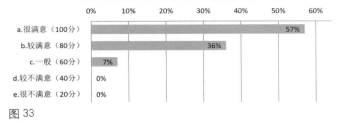

工作人员对梯田式观众席空间品质的评价 90分

图 33

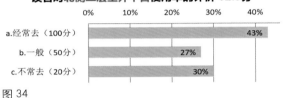

读者对北侧二层室外平台使用率的评价 62.5分

图 34

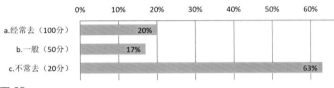

观众对南侧二层室外平台使用率的评价 41.1分

图 35

（或志愿者）提供小众的包厢式服务。

6. 该模式原型实例所体现出的相关理论：形式追随功能理论。"形式追随功能"是现代主义建筑大师路易斯·沙里文的一句名言，即"Form follows the function"。包豪斯的功能主义将其推到了更高的高度。虽然其在现代建筑发展中进行过相关修正，但始终代表着现代建筑适用、理性的一面。当前，国内出现了个别缺乏理性逻辑的"奇奇怪怪的建筑"，更需要建筑师们对国家新时期建筑方针"适用、经济、绿色、美观"中首要"适用"原则的高度重视。

三、使用后评估成果之可持续使用改进建议

1. 关于二层室外平台的改进建议

通过使用后评估问卷调研，发现读者和观众对深圳文化中心的二层室外平台使用不太充分（图34、图35）。现场调研也显示，将深圳文化中心图书馆、音乐厅两部分连成一体的二层室外平台在空间维度上只有在靠近音乐厅的一角布置有咖啡店的外摆（图36）；在时间维度上只有在每日图书馆开馆伊始，大群的读者会在此排队入馆（图37），这也是统计的读者使用率高于观

众使用率的原因。总体而言，二层室外平台使用现状相距设计伊始的"公共文化广场"初心尚有一定差距。建议二层室外平台加强相关公共文化活动设施的布置，宜结合深圳气候阳光炎热、时常阵雨的特点，布置一定量的室外棚架空间，既利于文化活动的开展，也利于读者们开馆时的排队。

2. 关于东侧室外大台阶的改进建议

通过使用后评估问卷调研，发现读者和观众对深圳文化中心东侧室外大台阶使用不太充分（图38、图39）。现场调研也显示，将二层公共文化广场与一层户外广场相连的室外大台阶，平日几乎空无一人。建议结合二层公共文化广场相关文化活动的组织，将此闲置的室外大台阶也通过相关公共文化活动设施的布置，转化为读者群、观众群喜闻乐见的"文化、艺术阶梯"（图40）。

3. 关于东侧一层室外水墙广场的改进建议

通过使用后评估调研，发现深圳文化中心东侧一层室外水墙广场使用感受可以进一步提升（图41）。室外水墙广场是深圳文化中心东侧面向市政厅—中央绿化

图 36

图 37

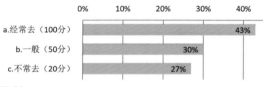

图 38

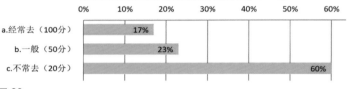

图 39

图 40

图 41

带—莲花山城市视觉轴线的底层界面。建筑师团队设计了连续的水墙为片区环境提供了丝丝凉意及潺潺流水的声景观。一些读者和观众反映，相比东侧中央绿化带树阵下的坐凳，深圳文化中心的水墙环境缺少停留、休憩的设施，建议在此处的树荫下布置一些室外座椅，以提升环境的使用效率。

四、使用后评估回述

本项目建成伊始，在初次评优中，经过建筑回访（接近陈述式后评估），对当初设计理念的贯彻得出了反馈研判，初步实现了反馈客户的后评估短期价值。本次后评估，明确以调查式的层次进行（包括回顾、计划、调研、分析、总结等工作阶段），并与之前的回访资料比对。证实了相关设计理念在经历多年使用考验后，仍对民众生活和建筑学具有贡献意义，并以"循证设计模式"梳理，为同类建筑设计资料库、设计标准和指导规范的更新提供一手资料。同时，梳理"可持续使用改进建议"，以促进建筑性能的持续提高和改善，延长建筑生命周期。因此，本次调查式后评估与竣工后初次评优的建筑回访关联、比对，共同实现了后评估的中、长期价值。

对使用后评估（POE）报告的点评

后评估点评专家 吴硕贤院士

深圳文化中心是由国际著名建筑师矶崎新领衔担任主创设计师设计，已建成十余年并屡获重要设计奖与优秀工程奖的深圳市又一标志性公共建筑。对于这样一座建筑开展使用后评估调研，更具有重要意义。通过使用后评估，证实该建筑在使用 10 余年后仍然保持着良好的使用状态，仍然按照初始的建筑策划及设计运行；其中使用者对于金树、银树大厅入口的标志性有充分的认同感；对于大空间利用外部景观资源，将中央绿带 - 莲花山景观借助大玻璃引入室内的"借景"策略也表示赞赏与肯定；对于开放阅览空间以及山地葡萄园式的观演空间模式，也都表示充分的认可。这些都是令人欣慰的结论。同时，使用后评估也发现，即使像深圳文化中心这样成功与著名的建筑，也难免存在若干瑕疵与不足之处。例如室外平台、室外大台阶及室外水墙广场，尚存在未能被充分利用及不够人性化等欠缺，值得设计者注意并采取措施加以改善。此次的评估报告，注意引用了一些使用者的有代表性的评论，显得较为生动和具体。当然，对于观演空间，若能补充声学测试结果则更佳。

深圳安联大厦

设计单位：香港华艺设计顾问（深圳）有限公司
合作单位：王董国际有限公司
设计团队：盛　烨　刘汝涛　王兴法　凌立信
　　　　　何美仪　李雪松　雷世杰　梁莉军
　　　　　龚　莹　吴志清　王盛宝　彭　鸣
　　　　　陈　怡　李　薇　李瑞芳　杨启宏
后评估团队：林　毅　孙　剑　梁莉军
工程地点：深圳市福田中心区 26-3-1 地块
设计时间：2002 年 3 月 ~ 2003 年 5 月
竣工时间：2005 年 8 月
建筑面积：93951m²
建筑高度：146.91m

奖项荣誉：
美国建筑师学会香港分会 2005 年度设计奖
2005 ~ 2006 年度中国建筑优秀工程设计奖一等奖
2007 年深圳市第十二届优秀勘察设计奖（建筑设计）二等奖
2007 年度广东省优秀工程设计奖二等奖
2007 年第五届中国建筑学会优秀建筑结构设计奖三等奖
2007 ~ 2008 年度中国建筑优秀勘察设计奖（建筑结构）二等奖

安联大厦为中心区高档精品、主题为花园的写字楼，做到高效、先进、适用、安全、环保、节能，全方位地达到国际先进水平。设计以自然生态环境作为办公楼的设计主题，反映了人、建筑、自然之间的和谐关系，建立了一个"活"的建筑，"生"的办公概念。

建筑由两个建筑实体和中间的中庭构成，建筑物的中庭开敞通透，上下贯穿，产生竖向气流带动空气流畅，形成建筑的"肺空间"。约 12m 进深的办公区域无论对外还是对中庭均可开敞。在建筑四个方向上，按不同标高设有空中花园，形成的立体绿化更为此"肺空间"带来了自然的生机。在塔楼的竖向不同高度，设计了一系列的绿化共享平台、观景小阳台，屋顶为开阔的空中花园形成高层办公的立体休闲空中花园环境。建筑内部中庭由于设计为上下向室外开敞的空间，使办公区域内各方向都可开窗。采光及通风，设有临窗和内部之分，体现了健康阳光办公的理念。本方案采用简约主义的设计

手法，外形简洁大方。平面及立面的基本元素均为方形，采用单纯几何形体，营造一个和谐、稳重的建筑。在紧临"市民中心"的核心地带，不显自我但也不失自我，富有独特的神韵，成为整个城市重点地带景观中的有机组成部分。本地块最佳景观面向西，在西面设计了一层金属遮阳架，采用低辐射通透玻璃，有效地解决了西晒、景观和自然的矛盾，同时统一了幕墙立面，使有可能出现的杂乱无章的幕墙开启窗屏蔽于遮阳架后，使建筑立面景观不会因为使用时不规则的开窗而受到破坏。

以自然生态环境作为办公楼设计的安联大厦，被誉为"活的建筑""会呼吸的写字楼"。其建筑设计，以实用丰富的平面空间布局，简约明快的现代化造型，精致优雅的内部装修，独特布置的空中花园平台所提供的绿色生态环境，巧妙利用中庭的内部通风采光设计，配备了功能齐全、先进高效、环保节能的机电设备及通信系统，因而获得建筑界、地产界的普遍认同及赞扬。

十年前建筑全景照

现状全景照

使用后评估（POE）报告

一、结论

通过使用后评估明确项目保持好的状态，仍按照初始的建筑策划及设计运行（当建筑的初始内容没有本质改变的时候也允许改变用途）。

二、使用后评估成果之循证设计模式

模式 1 建筑的绿色性模式

1. 原型实例：深圳安联大厦的中庭与空中花园设计（图 1、图 2）。

2. 相关说明：安联大厦以自然生态环境作为办公楼的设计主题，旨在建设一栋"活"的建筑、会"呼吸"的写字楼。

3. 应对的问题：如何实现建筑物的自然通风与采光，创造出绿色健康的办公空间。

4. 问题的解决方案：

安联大厦是一座高级写字楼，环保、健康是大厦的主题，建筑师创造性地给大厦设计了一个"呼吸"系统——通过错开设置的空中花园和中部入口大堂直通屋面的中庭空间，实现整个建筑物的自然通风。

绿色健康的主题首先体现在写字楼的共享中庭及空中花园的设计中，建筑分别在西侧与东侧打开三个 5 层

图 1 上下直通的中庭空间　　　　　　　图 2 空中花园

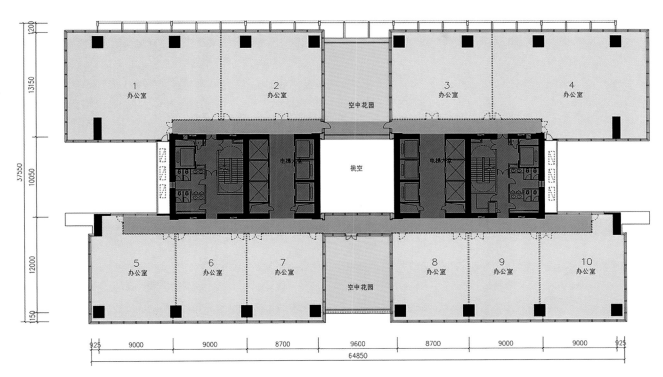

图 3 安联大厦标准层平面图

高的"窗口",并在中心设置贯穿窗口的 15 层高的中庭,在顶部设置 7 层高的天井(图 3)。建筑物的中庭开敞通透,上下贯穿,产生竖向气流带动空气流畅,形成建筑的"肺空间"。约 12m 进深的办公区域无论对外还是对中庭均可开敞。在建筑四个方向上,按不同标高设有空中花园,形成的立体绿化更为此"肺空间"带来了自然的生机。

此设计手法将阳光、绿化、空气等自然元素引入写字楼内(图 4),实现阳光办公的概念,使之成为能"自由呼吸的建筑"。

建筑平面在 25 层以下被分成四个独立的办公空间,25 层以上被分成东西两个办公区。建筑 25 层以下南北向两部分每隔 4 层以空中花园相连,东西向的两部分在六层以上也是每隔 4 层以空中花园相连(图 5)。在塔楼的竖向不同高度,设计了一系列的绿化共享平台、观景小阳台,屋顶为开阔的空中花园形成高层办公的立体

休闲空中花园环境。

错落退级的大平台成了空中花园。裙房屋顶结合会所的休闲功能布置成露天花园,塔楼顶层也设计成别有情趣的天台花园。中庭与东西向的空中花园相连,形成了一个自然通风与采光的通道。

生态主题其次体现在环境规划设计中的绿化空间,由于地块面积有限,室外主要以带状道路绿化结合广场点状绿化,形成点线结合的绿化系统。

另外,北面城市广场的绿地也是景观规划的重要部分,裙房首层东北角设置了水池,成为广场绿化空间与东西入口的过渡空间。西南角的下沉休闲场所也是室外绿化空间向建筑室内的延伸。

5. 使用反馈:

以自然生态环境作为办公楼设计的安联大厦,被誉为"活的建筑""会呼吸的写字楼"。其建筑设计,以实用丰富的平面空间布局,简约明快的现代化造型,精

致优雅的内部装修,独特布置的空中花园平台所提供的绿色生态环境,巧妙利用中庭的内部通风采光设计,获得建筑界、地产界的普遍认同及赞扬。

大厦投入使用以来,物业管理公司及各客户对大厦的环境,尤其是中庭空间、空中花园表示舒适、合理、实用、满意(图6、图7)。

6. 该模式原型实例所体现出的相关理论:生态设计理念。自生态理念提出后,这一理念迅速、广泛地渗入各个领域。生态理念和建筑设计的有机融合,催生了建筑设计理念,使传统的建筑设计理念向现代建筑设计理念转变。随之,出现了许多生态办公建筑,如"垂直花园式"办公楼、可持续发展的办公楼等。带有中庭、空中花园的办公楼不但有美化环境,提供自然通风与采光,为人们提供寻幽觅趣、游憩健身之所的功能,对于一座

图 4 中庭的自然采光

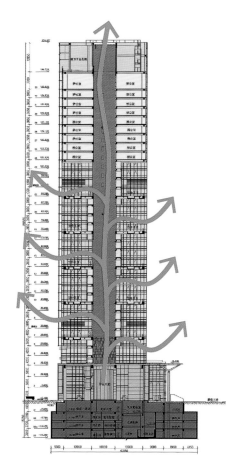

图 5 安联大厦剖面图

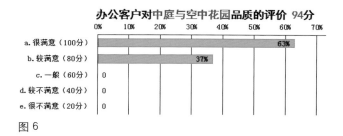

图 6

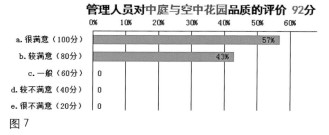

图 7

建筑来说，中庭与空中花园就是一台自然空调，它可以保证特定范围内人类活动环境的生态平衡与良好的生活意境。总而言之，空中花园在建筑上的魅力，不仅能扩大人类绿化空间，提高空间品质，提升使用者使用感受，还能建造花园城市，减少空气及自然环境的带来的危害，给社会带来独一无二的魅力。

模式 2 建筑的人性化模式

1. 原型实例：深圳安联大厦的人性化办公空间设计。

2. 相关说明：传统的办公楼立足于自然通风和采光，是以小空间为单位，排列组合而成，具有较小的开间和进深尺寸。发展到后期，现代办公楼应该具有人情味的办公环境及优雅的周围环境。以人为本、高效率、人性化的办公空间，充分考虑办公人员的使用功能需要和心理需求，是现代办公建筑设计的发展趋势。

3. 应对的问题：如何突出以人为本的设计原则，创造出人性化的办公空间。

4. 问题的解决方案：

1）绿色、阳光的办公空间

建筑内部中庭由于设计为上下向室外开敞的空间，使办公区域内各方向都可开窗，采光及通风，设有临窗和内部之分，改变以往办公空间的单调、封闭的缺陷，

办公人员可以更加接近自然。中庭与空中花园的设计使写字楼的环境质量品质得到了提高，体现了以人为本、阳光办公的设计理念（图 8）。

在塔楼的竖向不同高度，设计了一系列的绿化共享平台、观景小阳台，屋顶为开阔的空中花园形成高层办公的立体休闲空中花园环境。错落退级的大平台成了空中花园。裙房屋顶结合会所的休闲功能布置成露天花园，塔楼顶层也设计成别有情趣的天台花园。

安联大厦的中庭与空中花园的设计为建筑内部注入了阳光、空气与绿色植物，提高了整个办公空间的品质，提升了办公人员的使用感受，是人性化设计的直接体现。

2）对景观价值的重视

经过仔细的分析与比较确定，用地西面及西南面景观价值最佳视线无遮挡，为基地得天独厚的景观优势，属一级景观，故在立面设计中要把解决西面遮阳与景观视野的矛盾。另外注重内部景观的创造，在低区 Ⅱ、Ⅲ、Ⅳ区分别设置三段 5 层高的错接退台式中庭空间，阳光可随时间的交替而东西贯通，高区顶部 7 层采天光的中庭设计创造出较多的观景平台与长廊。为内部景观设计增加了丰富的层次，实现内外景观的交融，提升了办公人员的使用感受。

3）精简的结构设计与高使用率

将结构精简到极限，在满足力学设计的前提下，抛

图 8 中庭空间与办公空间相连

图 9 高净高、大跨度的办公空间

弃一切不必要的设计元素，由此而产生的紧张感和所达到的极限空间，正是本建筑所追求的"极少主义建筑风格"的美学原则。结构采用双核心筒的平面布置，不仅使建筑拥有了更加稳定合理的结构形式，更大大增加了使用上的自由灵活性，宽阔通透的空间感、平整规则的平面形式带来的高使用率为不同规模、形式的公司入驻提供了丰富的选择空间（图9）。

5. 使用反馈：中庭、空中花园与办公空间的结合，使工作成为一种享受；内外景观的交融，能让景色引入建筑内部；精简的结构设计，使办公空间宽阔通透、平面形式平整规则，安联大厦的设计充分体现了以人为本的设计理念。经调查，办公客户与管理人员都对安联大厦办公区的空间品质有较高的评价（图10、图11）。

6. 该模式原型实例所体现出的相关理论："以人为本"设计理念。传统的办公楼立足于自然通风和采光，是以小空间为单位，排列组合而成，具有较小的开间和进深尺寸。发展到后期，现代办公楼具有人情味的办公环境及优雅的周围环境，带有绿化的内庭院或中庭。带有中庭空间以及空中花园设计的办公楼能让工作成为一种享受，以人为本、高效率、人性化的办公空间，充分考虑办公人员的使用功能需要和心理需求，是"以人为本"思想的完美体现。法国著名现代建筑家勒·柯布西耶曾提出，空中花园是现代城市建筑设计以人为本的体现，它可以满足人们居住、工作、休闲、观赏等多种需求。以"垂直花园式"办公楼为例，强调以人为本、高效、人性化的办公空间，室内空间组合设计以人为中心，充分考虑办公人员的使用功能需求和心理需求。同时，内置大量绿色植物，把现代工业和大自然完美地融为一体，形成了生态的办公环境，使办公人员紧张的工作情绪和心理负担得以缓解。

模式3 建筑的节能性与环保性模式

1. 原型实例：深圳安联大厦的立面与遮阳系统设计。

2. 相关说明：简洁而醒目的造型能提升写字楼的长期竞争力，节能与绿色环保型建筑是当代建筑设计的热潮。安联大厦的立面设计采用对比与协调相统一的手法，把节能设计与幕墙完美地结合在一起，使得立面统一美观，不失独特。这种现代、明确、理性的设计手法使得安联大厦的节能与立面设计走在了当时的建筑设计前列。

3. 应对的问题：如何实现环保节能的理念，如何解决节能、景观、立面的矛盾。

4. 问题的解决方案：

1）遮阳设施与立面设计

本地块最佳景观面向西，在西面设计了一层金属遮阳架，采用低辐射通透玻璃（图12）。有效地解决了西晒、景观和自然的矛盾，同时统一了幕墙立面，使有可能出现的杂乱无章的幕墙开启窗屏蔽于遮阳架后，建筑立面景观不会因为使用时不规则的开窗而受到破坏。塔楼的墙面设计采用对比与协调相统一的手法，西面由于其独特的景观重要性，采用"双层皮"的做法：即国际流行

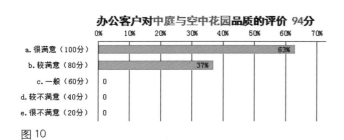

图10

图11

的双层幕墙设计。墙面由内外两道幕墙组成，内幕墙采用明框幕墙，开有活动窗，外幕墙采用有框幕墙，之间形成一个封闭的空间，可对空气的流动及温度进行调节，双层皮设计有效地解决了西晒遮阳及防噪问题。东、南、北三面采用相同的外墙做法：强调通长的竖向线条，减少日照面。整体挺拔俊朗，其细部尺度划分与西面保持一致（图13、图14）。

建筑外墙为采光玻璃与非采光玻璃相间幕墙，采用的"低敷设镀膜中空玻璃（Low-emissivity Glass）"，取其透光透热的特殊功效，避免了普通反光玻璃幕墙冰冷的感觉和对周边环境的光污染，同时也有助于降低空调负荷和室内灯具耗电量。并隔离了城市交通的噪声，

反映本项目的环保节能理念。

2）中庭设计

中庭的设置使建筑具备了更好的节能效应，开口部设置封闭的太阳能玻璃幕墙，可采用电脑操纵其开启与吸放热量，调节室内湿度、温度，实现真正具有高科技含量的智能化系统管理。

5. 使用反馈：

简洁而醒目的造型提升了写字楼的长期竞争力。塔楼的立面设计采用对比与协调相统一的手法，把节能设计与幕墙完美地结合在一起，有效地解决了西晒、景观和自然的矛盾，同时统一了幕墙立面，使得立面统一美观，不失独特。建筑立面遮阳设施的效果收到了使用者

图12 金属遮阳架

图13 安联大厦东立面

图 14 安联大厦西立面

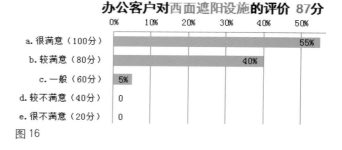

办公客户对西面遮阳设施的评价 89分

a. 很满意（100分）		52%
b. 较满意（80分）		45%
c. 一般（60分）	3%	
d. 较不满意（40分）	0	
e. 很不满意（20分）	0	

图 15

办公客户对西面遮阳设施的评价 87分

a. 很满意（100分）		55%
b. 较满意（80分）		40%
c. 一般（60分）	5%	
d. 较不满意（40分）	0	
e. 很不满意（20分）	0	

图 16

的一致认可（图 15、图 16）。这种现代、明确、理性的立面设计手法既实现了环保节能的目的，又使得安联大厦从中心区周围众多的写字楼中脱颖而出，独树一帜（图 17）。

6. 该模式原型实例所体现出的相关理论：可持续发展理念。绿化节能、自然采光、有效组织的自然气流，高效节能的双层幕墙体系以及节能设备的广泛应用，

图 17 安联大厦夜景

图 18　大堂处的遮阳窗帘

图 19　外遮阳设施

将极大提高办公楼的使用品质及舒适度，体现可持续发展的思想。在现代的办公楼中很多采用大面积的玻璃幕墙，这种透明围护结构容易产生冷热桥作用，所以提高玻璃幕墙的保温隔热是降低建筑能耗的重点。具体的设计中可设计采用双层玻璃幕墙作为主要节能手段，与单层玻璃幕墙相比，双层玻璃幕墙具有更好的降低噪声干扰、隔热保温的优点。另外使用节能的玻璃也是一种很好的节能措施。有 Low-E 玻璃在大面积的玻璃幕墙的办公建筑中有效的遮阳是很重要的降低夏天能耗的措施。

三、使用后评估成果之可持续使用改进建议

1. 虽然建筑立面设置了遮阳架，有效地解决了西晒问题，同时统一了幕墙立面，但大堂处的玻璃幕墙并没有设置遮阳设施，大堂会受到阳光直射，只能设置窗帘遮阳（图18），隔热效果较差，且影响使用感受及建筑美观。

改进建议：大堂玻璃幕墙外增加外遮阳设施（图19）。

2. 空中花园采光性好（图20），但部分人怕晒，在夏天有阳光时使用率不高。

改进建议：空中花园处增加遮阳设施（图21）。

四、使用后评估回述

本项目建成伊始，在初次评优中，经过建筑回访（接近陈述式后评估），对当初设计理念的贯彻得出了反馈研判，初步实现了反馈客户的后评估短期价值。本次后评估，明确以调查式的层次进行（包括回顾、计划、调研、分析、总结等工作阶段），并与之前的回访资料比对。证实了相关设计理念在经历多年使用考验后，仍对民众生活和建筑学具有贡献意义，并以"循证设计模式"梳理，为同类建筑设计资料库、设计标准和指导规范的更新提供一手资料。同时，梳理"可持续使用改进建议"，以促进建筑性能的持续提高和改善，延长建筑生命周期。因此，本次调查式后评估与竣工后初次评优的建筑回访关联、比对，共同实现了后评估的中、长期价值。

图 20 阳光下的空中花园

图 21 遮阳设施

对使用后评估（POE）报告的点评

后评估点评专家　于天赤

如果用"外表冷静，内心澎湃"来形容深圳安联大厦是一点也不为过的。理性、简洁的设计让建筑显得干净利落，达到了"不显自我也不失自我"的效果，代表着深圳商务中心区的建造水平。

而建筑的空间组织则是从深圳的气候特征出发，针对地块南北长、东西日晒多的问题，将建筑"切薄、架空"形成了多个水平、垂直通透的"生态空间"，将自然的光、自然的风引入建筑之中，让建筑与自然相融、相生。这种"活的建筑""会呼吸的建筑"代表着生态建筑"先自然、被动，后技术"的设计原则，在今天依然是正确的方法。

后评估报告也反映了使用者对建筑师基于绿色理念设计的各种生态空间的认同与好感，并给予了高度的评价。这栋建筑在使用者的体验与心理感受中都是舒适的、良好的。如能从物业管理拿到近几年建筑的能耗资料，便可以从数据上，更加客观地对建筑的生态效果进行评价，整个评估便更具有说服力。

秀外慧中，是这栋建筑达到的境界。

深圳福田图书馆

设计单位：香港华艺设计顾问（深圳）有限公司

设计团队：罗　涛　陆　强　周戈钧　过　泓　刘连景
　　　　　李雪松　王　恺　吴志清　陈石海

后评估团队：林　毅　孙　剑　周戈钧

工程地点：深圳市福田中心区景田路

设计时间：2001 年 8 月 ~2002 年 11 月

竣工时间：2008 年 6 月

建筑面积：4.8 万 m²

建筑高度：55.75m

奖项荣誉：

2001 ~ 2002 年度中国建筑优秀方案设计奖三等奖

2009 年深圳市第十三届优秀工程勘察设计（公共建筑）二等奖

2009 年度广东省优秀工程勘察设计工程设计三等奖

2009 年度全国优秀工程勘察设计建筑工程三等奖

2007 ~ 2008 年度中国建筑优秀勘察设计（建筑工程）一等奖

　　大楼主要由图书馆及培训中心两部分组成，彼此相互独立。两者围绕其中展开，使图书馆具有强烈的向心性，阅览室都面向中庭景观，为读者营造一种宁静优雅的图书阅览及办公氛围。

　　为了丰富中庭空间效果，由西向东作了一系列的退台，空中玻璃天桥飞架其中，创造了丰富的空间层次，从城市广场到内部中庭形成一个富于变化的空间序列。

　　本项目对城市街道空间作了周全的考虑。不仅呼应了周边高层建筑的对位关系，还减轻了相互间的压迫感，更重要的是给北面的财政局大楼让出了南向空间，并求得一种围合感。东、西两侧各贡献出一个公共空间，图书馆自然形成了一个平行四边体，使本方案从商报路及景田路的街景透视都具有强烈的标志性。

　　东、西中庭空间各罩一透空钢架，在强调建筑轻巧通透的同时，又起到简洁建筑形体、界定空间及遮阳的作用，并在视觉上对城市的喧闹嘈杂起到了隔断作用。光影变化及虚实对比使简洁的建筑形体更加丰富。

　　方案设计功能设置合理，流线组织清晰。一至四层

为图书阅览及展厅。其中设置了不同的空间模式提供多种人性化的阅览环境。五层至十三层为培训、办公及会议。整个建筑共设置了五个出入口：南面为主入口，北面为儿童图书馆入口和服务入口，西面为次入口，东面为信息中心入口。五个出入口各自独立，互不干扰。

　　图书大厦建成后成了福田区的新亮点，促进了当地文化建设的发展速度，提升了福田区的城市建设水平。

　　钢结构装饰幕墙，在跨度大（19m）、高度大（56.35m）情况下，使用水平钢拉杆及预应力拉索桁架技术解决大跨度钢架的抗风稳定性问题。首层采用三角桁架及工字型钢转换梁，解决了入口大空间的问题。在使用过程中，经历了台风的考验，幕墙结构安全可靠，使钢结构装饰幕墙（无玻璃），成为一种新颖的装饰技术。

　　结构平面布置呈不规则斜角四边形，主体塔楼由一个长肢和一个短肢组成，长、短肢核心筒均紧靠内侧平行设置。为保证两肢筒体更好地协同工作，加强了筒体与连梁之间的连接节点，并适当加大了连梁的截面尺寸和配筋，以及该区域的板厚。

十年前建筑全景照

现状全景照

使用后评估（POE）报告

一、结论

使用后评估确认了深圳福田图书馆在使用 10 余年后仍保持着良好的使用状态，仍按照初始的建筑策划及设计运行。

二、使用后评估成果之循证设计模式

模式 1 城市空间设计

1. 原型实例：深圳福田图书馆整体形态。

2. 相关说明：在现代建筑中，一个建筑乃至一个区域都无法孤立地生存，城市空间是相互作用的。对于区域来讲进行必要的城市设计，丰富城市的空间层次及功能，及建立城市公共活动中心。

3. 应对的问题：图书馆只有 60 多米高，如何在众多高层、超高层建筑中取得良好的辨识性，让人们在视觉上感受到图书馆的与众不同。

4. 问题的解决方案：本工程位于深圳市景田路和商报路的交会处。对城市街道空间作了周全的考虑，建筑三面退让市政道路，不仅呼应周边高层建筑的对位关系，还减轻了相互间的压迫感，图书馆西侧对应景田路的空间线性关系而切出一个三角形城市广场，保持了景田路方向城市街面的延续性。同时给北面的财政局大楼让出了南向空间，并求得一种围合感。东、西两侧各贡献出一个三角形公共空间，图书馆自然形成一个平行四边体，平行四边形的体量与正方形的地块自然融合，使本方案从商报路及景田路的街景透视都具有强烈的标志性。

5. 使用反馈：使用后评估问卷统计验证了绝大部分使用者对深圳福田图书馆整体形评价较高。从对使用者进行的访谈中获悉：深圳福田图书馆在周边具有强烈的标志性，深受市民喜欢。

6. 该模式原型实例所体现出的相关理论：指规划包括许多城市和与这些城市周围相关并受这些城市影响的整片区域。进而提出了关于城市的形态演化的概念及机制，即城市——大都市——世界城市。"真正的城市规划必须是区域规划。"美国社会哲学家刘易斯·芒福德

图 1

图 2

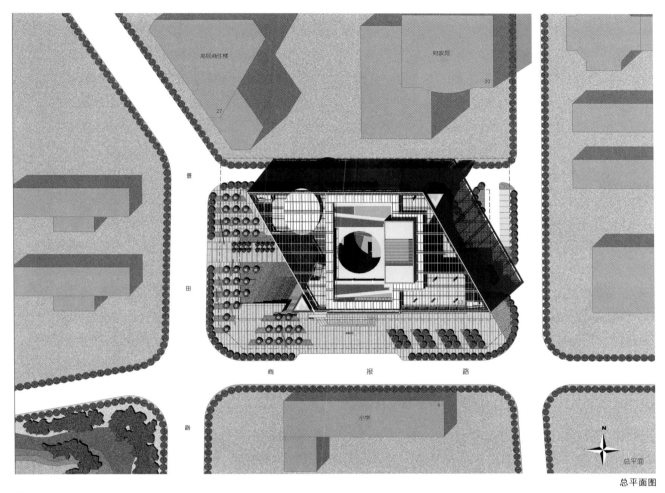

总平面图

图 3

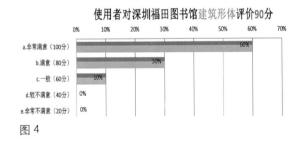

图 4

使用者对深圳福田图书馆建筑形体评价90分

图 5

管理者对深圳福田图书馆建筑形体评价90分

这一理论将规划的维度扩大到了区域界面上来。这一理论指出区域的核心是城市，城市的基础是区域，城市作用于区域，区域作用于单体建筑，城市与单体建筑密切相关。

模式 2 建筑室内外融合的灰空间及建筑本身与园林城市环境融合的过渡模式

1. 原型实例：深圳福田图书馆中庭。

2. 相关说明："花园城市"的思想从萌芽状态起就表现出强烈的政治性、思想性和社会性，也因其历史发展阶段、国家和地区、民族与文化的不同而有着不同的时代观念、文化内涵、民族特征以及不同的地域风貌。"灰空间"，也称"泛空间"，是指建筑与其外部环境之间的过渡空间，其以达到室内外融合为目的，比如建筑入口的柱廊、檐下等。也可理解为建筑群周边的广场、绿地等。

3. 应对的问题：建筑外部空间设计如何立足于深圳这个花园城市的大环境，让建筑与周边自然环境做到融为一体。 如何恰当地使用灰空间给人们带来愉悦的心理感受，使人们从"绝对空间"进入"灰空间"时可以感受到空间的转变。

4. 问题的解决方案：本图书馆设计方案创造了一系列退台绿化中庭空间，图书馆及信息中心围绕其展开，使图书馆具有强烈的向心性，阅览室都面向中庭景观，为读者营造一种宁静优雅的图书阅览及办公氛围。为了丰富中庭空间效果，由西向东作了一系列的退台，空中天桥飞架其中，这使从城市广场到内部中庭形成了一个富于变化的空间序列。图书馆大楼主要由图书馆及信息中心两部分组成，彼此互相独立。

本设计方案注重生态建筑的处理手法，城市广场绿化与中庭绿化及立体空中绿化融为一体。同时，为了保证视觉效果和隔声效果，本方案东西中庭空间各罩一透空构架，强调建筑轻巧通透的同时，对嘈杂起到了隔断的作用。光影变化及虚实对比让简洁的建筑形体更加丰富。深圳福田图书馆中庭运用了灰空间的手法，使用者从中庭进入图书馆，以半开放为主的设计手法，让人们从"绝对空间"进入"灰空间"时感受到空间的转变，享受在"绝对空间"中感受不到的心灵与空间的对话。本建筑以中庭的圆形檐口，使建筑与其外部空间形成完美的过渡空间，达到了室内外融合的目的，协调不同功能的建筑单体，使阅览室与室外休息空间形成了完美的统一。灰空间也丰富了图书馆内部空间。

5. 使用反馈：使用后评估问卷统计验证了绝大部分使用者对深圳福田图书馆营造的生态建筑环境及灰空间品质评价较高。从对使用者进行的访谈中获悉：深圳福田图书馆中庭对整体的环境品质提升令使用者印象深刻。无论是对入口广场的苍翠树木还是对中庭的绿化，都能让来到图书馆的读者们在读书的同时感受到与大自然融为一体的宁静与快乐，为来到深圳福田图书馆的读者们带来愉悦的体验。

6. 该模式原型实例所体现出的相关理论：灰空间是由日本建筑师黑川纪章提出来的。"灰空间"的存在，使我们在心理上也产生了一个转换的过渡，有一种驱使

图6

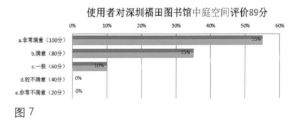

图7

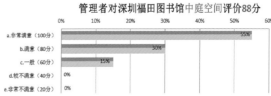

图8

内外空间交融的意向。人们早已习惯将灰空间运用于建筑设计和场地的营造之中，用来创造一些特殊的空间氛围。我们在设计中，只有注重空间的营造，尤其灰空间的作用，才能为人们的生活创造更多更好的生活环境。园林城市这一概念最早是在1820年由著名的空想社会主义者罗伯特·欧文（Robert Owen，1771～1858）提出的。在经历了英美两国的工业城市的种种弊端，目睹了工业化浪潮对自然的毁坏后，英国著名的规划专家埃比尼泽·霍华德（Ebenezer Howard，1830～1928）于1898年提出了"花园城市"的理论，中心思想是使人们能够生活在既有良好的社会、经济、环境，又有美好的自然环境的新型城市之中。

模式3 外遮阳系统与建筑外形的有机结合

1. 原型实例：深圳福田图书馆钢结构装饰幕墙。

2. 相关说明：建筑遮阳技术是一项投入少，节能效果明显，有利于提高居住和办公舒适性的建筑节能技术。把建筑遮阳技术与建筑外形有机地结合起来，可使建筑更加美观实用。

3. 应对的问题：建筑立面设计是建筑美学的一种体现，也是建筑设计的核心问题之一。如何结合遮阳进行良好的建筑立面设计值得我们思考和探究。

4. 问题的解决方案：本建筑当时没有节能要求，但在设计中，建筑师结合了岭南气候的特点，在建筑外部做了东西向钢架结构遮阳板，南北立面幕墙也进行了遮阳处理，使得图书馆空调运行成本大大降低，并且在外立面的造型上起到了美观作用。东、西中庭空间各罩有透空钢架，在强调建筑轻巧通透的同时，又起到简洁建筑形体、界定空间及遮阳的作用，并在视觉上对城市的喧闹嘈杂起到了隔断作用。光影变化及虚实对比使简洁的建筑形体更加丰富。

5. 使用反馈：使用后评估问卷统计验证了绝大部分使用者对深圳福田图书馆钢架外轮廓评价较高。从对使

图9

图10

图 11

图 12

用者进行的访谈中获悉：深圳福田图书馆外轮廓美观实用节能，深受业主及民众好评。

6. 该模式原型实例所体现出的相关理论：目前，国家大力倡导绿色建筑、节能建筑，并且出台了多项具体的规范规程，对建筑节能设计提出了很多具体的要求。遮阳设施能合理控制太阳光线进入室内，减少建筑空调能耗和人工照明用电，改善室内光环境。采取有效的遮阳措施，降低外窗太阳辐射形成的建筑空调负荷，是实现建筑节能的最有效方法之一。一方面，遮阳通过阻挡阳光直射辐射和漫辐射的热量，控制热量进入室内，降低室温，改善室内热环境，使空调高峰负荷大大削减。另一方面，适量的阳光与有艺术感的外立面，又使人感到舒适，有利于人体视觉功效的高效发挥和生理机能的正常运行，给人们愉悦的心理感受。

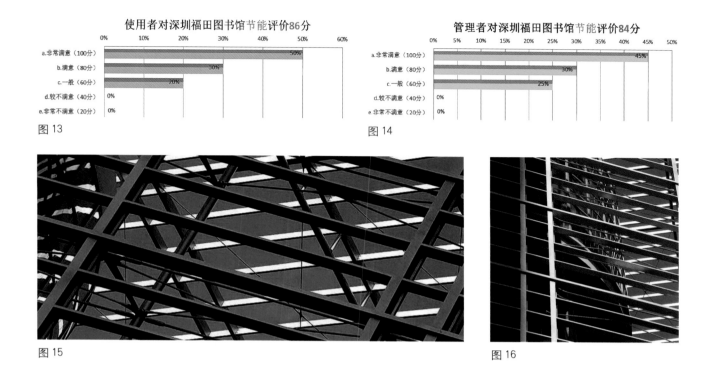

使用者对深圳福田图书馆节能评价86分

- a.非常满意（100分）：50%
- b.满意（80分）：30%
- c.一般（60分）：20%
- d.较不满意（40分）：0%
- e.非常不满意（20分）：0%

图13

管理者对深圳福田图书馆节能评价84分

- a.非常满意（100分）：45%
- b.满意（80分）：30%
- c.一般（60分）：25%
- d.较不满意（40分）：0%
- e.非常不满意（20分）：0%

图14

图15

图16

三、使用后评估成果之可持续使用改进建议

1. 深圳福田图书馆，入口下沉广场与台阶式叠水设计作为此处的大型景点获得了许多使用者的赞誉。福田图书馆西广场，原来设计是一个综合性的小广场，它是由下沉广场、小舞台、棕榈树阵、下沉台阶式跌水以及儿童图书馆的入口等组成的一个丰富的空间。

工程完工后，由于景田片区人员密集，缺乏室外活动场地，这里成为各年龄段休闲的一个汇聚点，人员密度过大，给安全带来一些隐患。设计人员在现场重新调研后，提出了几个修改方案，并配合景观公司确定了新广场修改图纸。修改措施：水池用木板覆盖，下沉台阶式叠水改为硬质铺地和绿墙，给民众提供了较大的休闲场地，让市民在使用此广场休闲的同时不影响到馆内读书的读者。给老年人和孩子的活动带来了安全感。

2. 为响应深圳市文化建设，深圳市福田图书馆随后增加24小时自助借阅设备。

3. 发电机房排油烟风井改进。由于设计时考虑不周，发电机房排油烟风井口太小，后期改进。

四、使用后评估回述

本项目建成伊始，在初次评优中，经过建筑回访（接近陈述式后评估），对当初设计理念的贯彻得出了反馈研判，初步实现了反馈客户的后评估短期价值。本次后评估，明确以调查式的层次进行（包括回顾、计划、调研、分析、总结等工作阶段），并与之前的回访资料比对。证实了相关设计理念在经历多年使用考验后，仍对民众生活和建筑学具有贡献意义，并以"循证设计模式"梳理，为同类建筑设计资料库、设计标准和指导规范的更新提供一手资料。同时，梳理"可持续使用改进建议"，以促进建筑性能的持续提高和改善，延长建筑生命周期。因此，本次调查式后评估与竣工后初次评优的建筑回访关联、比对，共同实现了后评估的中、长期价值。

图 17 目前改造后硬质铺地广场

图 18 十年前竣工时

图 19 改进后增加自助借阅设备

对使用后评估（POE）报告的点评

后评估点评专家 侯 军

深圳福田区图书馆是一栋打破传统定式和引人注目的文化建筑，其新馆的设计充分体现"时尚、温馨、精致"的理念。本着"求实、求精、求新"的精神，坚持"开放、平等、免费"的原则，福田区图书馆以服务为导向，以开拓求发展，以建设"图书馆之区"为目标，在全市首创以区图书馆为中心的"总分馆制"管理与服务新模式，建立了包括1个区级馆、8个街道分馆、88个社区图书馆的总分馆网络体系，文献总藏书量已达106万册。总馆中心机房建立了全区公共图书馆计算机业务管理平台，总分之间实行"统一拨款、统一采购、统一编目、统一配置、统一管理、统一服务"，读者证可在全区范围内一卡通用。该项目曾获得2007~2008年度中国建筑优秀勘察设计一等奖，2009年度广东省优秀设计三等奖，2009年深圳市优秀设计三等奖。

对这样一座服务大众的基层区级图书馆建筑开展使用后评估，本身就丰富了建筑后评估的实际意义，并且是恰如其分的。从后评估角度调查和审视建筑师的设计原创、构思基点，都验证了当初设想的科学性与合理性。尤其是结合岭南气候特点，引入"灰空间"或"泛空间"和钢构外遮阳等设计手法，赋予全新的图书馆形象，也更加见证了这座"不落俗套"式图书馆的真谛所在。

深圳新世界商务中心

设计单位：北建院建筑设计（深圳）有限公司

合作单位：美国 DiMarzio | Kato Architecture

主创设计师：Jeff DiMarzio Satoru Kato

设计团队：陈怡姝　马自强　莫沛锵　时　刚　蒋德忠
　　　　　毛向民　孙小红　蔡　克　蔡志涛　苏艳辉
　　　　　许雪松　姜　延　陈泽斌　王伟华　谢　凯

后评估团队：陈晓唐　马自强　宋婷婷

工程地点：深圳市福田 CBD 北区

设计时间：2002 ~ 2004 年

竣工时间：2007 年 1 月

用地面积：0.56 万 m²

建筑面积：10.8 万 m²

建筑高度：219m（总高度 238m）

奖项荣誉：

　北京市第十四届优秀工程设计一等奖

　2009 年度全国优秀工程勘察设计行业奖 建筑工程
　二等奖

深圳新世界商务中心在深圳市中心区"双龙飞舞"的超高层建筑天际线中处于非常重要的龙头地位。从 2007 年正式投入使用以来，其凭借精致典雅的外形和卓越不凡的品质获得了市场和业内人士的一致好评。

深圳新世界商务中心采用了建筑模数化设计，使整个建筑物内外精确对齐、整体划一。其作为现代都市的地标式建筑，远望：白天，简约挺拔，比例优美，层次丰富，个性而不张扬；夜晚，外轮廓线刚硬，LED 泛光线条流畅，三角玻璃顶和入口橄榄厅晶莹剔透，炫目诱人。近观：整个建筑物从镜面水池长出，耸入云霄，映在水花园平静的水面上，有着许多细节的建筑语言值得慢慢阅读。深圳新世界商务中心在深圳首次使用 VAV+冰蓄冷空调系统，项目的电梯和机电设备配置达到国际甲级写字楼的标准。2007 年建成至今仍是深圳市最为精致的、最具代表性的甲级办公楼。

十年前竣工全景照

使用十年后全景照

使用后评估（POE）报告

一、结论

通过使用后评估确认了新世界商务中心在使用 10 余年后仍保持着良好的使用状态，仍按照初始的建筑策划及设计运行。

二、使用后评估成果之循证设计模式

模式 1　建筑外部空间与所处城市环境的层次化园林过渡模式

1. 原型实例：新世界商务中心的"水花园"（图 1）。

2. 相关说明：建筑的外部空间的创作不仅涉及建筑自身需求，还关系着所处城市环境品质的提升。

3. 应对的问题：建筑外部空间设计如何立足城市环境，处理好单体建筑与城市环境的关系。一些单体建筑的主界面与城市环境之间，要么布置以完全隔绝视线的绿篱高墙，要么排布嘈杂的地面停车场，缺乏自然、层次化的友好过渡界面。

4. 问题的解决方案：建筑外部空间创作宜从多维角度分析，既关注单体建筑需求，也关注城市整体环境塑造，从多维角度探寻创新契机。在原型实例的新世界商务中心中，建筑外部空间创作采取了外高内低多层次的园林过渡策略，即：靠近城市人行道的外侧为城市环境提供了绿色"氧吧"的双排观赏型乔木林，靠近办公楼大堂落地玻璃的内侧营造了蓝色"冷岛"的瀑布水池。建筑师团队的基本的立场是：用视觉通透并具有层次化的"水花园"，为福中路的整体城市环境进行新的品质提升（图 2）；同时，也为高端写字楼大堂营造出远树近水、屏蔽开喧嚣车道的怡人水环境（图 3）。水花园不仅在视觉景观上通过双排绿植为写字楼大堂屏蔽了杂乱的车影，也在听觉景观上通过潺潺瀑布水声屏蔽了嘈杂的车声（图 4）。

图1

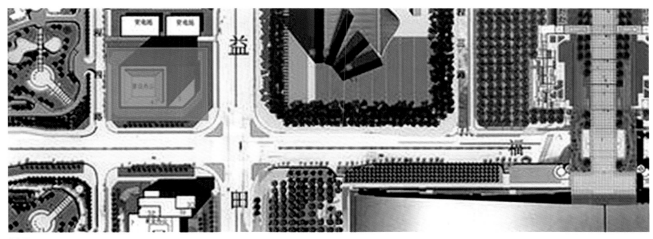

图 2

图 3

图 4

5.使用反馈:使用后评估问卷统计验证了绝大部分使用者对水花园营造的多层次环境品质评价较高(图5、图6)。从对使用者进行的访谈中获悉:新世界商务中心的水花园对整体环境的品质提升令使用者印象深刻。无论是上班时在主入口大台阶行进中的步移景异,还是下班时在电梯厅出口处的驻足凝望(图7、图8),充满层次的水花园都给办公客户带来了愉悦的体验。

6.该模式原型实例所体现出的相关理论:花园城市理论。在目睹了工业化浪潮对自然的毁坏后,英国规划专家埃比尼泽·霍华德(Ebenezer Howard)于1898年提出了"花园城市"的理论,中心思想是使人们能够生活在既有良好的社会、经济环境,又有美好的自然环境的新型城市之中。"花园城市"追求的目标是促进城市的可持续发展,创造人与自然和谐的环境。花园城市理论要求建筑师在进行城市中的建筑设计时,应特别处理好建筑外部空间的设计,使建筑外部空间

不仅服务好建筑物的内在需求,也能为城市的生态环境作出有益贡献。

模式 2　矩形高层建筑的拐角入口模式

1.原型实例:新世界商务中心的拐角入口"橄榄厅"(图9)。

2.相关说明:一些位于道路交叉口的高层建筑主楼由于各种原因设计为矩形体量,同时需要设置面对街道交叉口的拐角入口。

3.应对的问题:如何消减矩形主楼锐利角部对道路交叉口空间的压迫之感,如何处理在矩形主楼底部开设拐角入口的问题,如何处理高层主楼巨大尺度与入口门厅中小尺度的关系。

4.问题的解决方案:矩形高层建筑的拐角入口宜进行特别创新,消减矩形主楼锐利角部对道路交叉口环境

办公客户对水花园品质的评价 89.4分

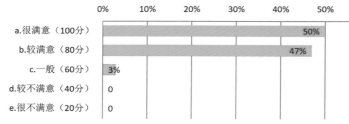

图 5

物业管理人员对水花园品质的评价 89.4分

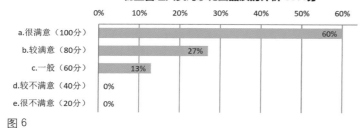

图 6

图 7

图 8

图 9

的逼迫感，化解高层主楼与入口近人尺度的矛盾，塑造
具有建筑场所中心的标志性形象。在原型实例的新世界
商务中心中，建筑师团队在矩形塔楼的临路口角部嵌入
了具有极强场所性的"橄榄厅"入口，即运用 2600 块
大小不同、角度各异的玻璃塑造出独特的标志性形象（图
10）。入口"橄榄厅"一方面通过其玻璃鳞片塑造透明
锥台的形体突变，成功地消减了矩形主楼锐利角部与道
路交叉口、主楼超大形体与门厅中小形体的双重矛盾；
另一方面，"橄榄厅"细腻的透明鳞片与主楼精致的金
属线脚形成了构造语言的统一。入口"橄榄厅"独特的
形体与表皮犹如直对道路交叉口环境的现代雕塑，营造
出环境"场所精神"，即新世界商务中心的艺术、人文
与高品质。

5. 使用反馈：使用后评估问卷统计验证了绝大部分
使用者对"橄榄厅"入口的环境品质评价较高（图 11、
图 12）。从对使用者进行的访谈中获悉：使用者对"橄
榄厅"具有较强的认同感与归属感，包括对其外部与内部。
其外部，"橄榄厅"的独特形体与表皮无论在白天还是

图 10

办公客户对橄榄厅品质的评价 88分

a.很满意（100分）	50%
b.较满意（80分）	40%
c.一般（60分）	10%
d.较不满意（40分）	0
e.很不满意（20分）	0

图 11

物业管理人员对橄榄厅品质的评价 90分

a.很满意（100分）	60%
b.较满意（80分）	30%
c.一般（60分）	10%
d.较不满意（40分）	0%
e.很不满意（20分）	0%

图 12

图 13

图 14

傍晚都是片区环境标志性的场所中心（图 13）；其内部，连通各层裙房的环形阶梯早已成为楼体内众多办公客户进行午间散步及聚会留影的绝妙场所（图 14）。

6. 该模式原型实例所体现出的相关理论：建筑场所理论。挪威建筑学家克里斯蒂安·诺伯格—舒尔茨（Christian Norberg-Schulz）在 1979 年，提出了"场所精神"（GENIUS LOCI）的概念。在其著作《场所精

神——迈向建筑现象学》中提到，早在古罗马时代便有建筑环境的"场所精神"。"场所"在某种意义上，是一个人记忆的一种物体化和空间化，也就是城市学家所谓的"SENSE OF PLACE"，或可解释为"对一个地方的认同感和归属感"。建筑场所理论要求建筑师塑造的建筑环境在满足使用者行为需求的同时，也通过标志性形象实现使用者对空间的定位及对环境的认知，进而在

使用者的精神层面逐渐形成对该环境场所的认同感与归属感。

模式3 超高层建筑的多层次质感模式

1. 原型实例：新世界商务中心建筑外部的多层次质感策略（图15，右侧高层建筑）。

2. 相关说明：建筑外部形体及表皮的多层次质感策略是超高层建筑立面创作的一种有效方法。

3. 应对的问题：如何塑造超高层建筑地标性形象，如何处理不同视距的观赏效果，如何选择不同的表皮进行合理组合。

4. 问题的解决方案：超高层建筑因挺拔高度而具有的被远观特性，要求其在远视距下宜有清晰可辨的视觉形象。同时，从远及近的过程中，宜通过多层次质感塑造不同视距下的清晰形象。在原型实例的新世界商务中心中，采取了形体及表皮多层次质感策略，即：当距建筑很远时，通过不同材质界定的形体构成远层次质感；当距建筑稍近时，通过立面板材接缝的分格构成中层次

质感；当距建筑很近时，材料自身的质地形成近层次质感（图16）。建筑主体中两个最大形体的表皮既在虚实、色彩方面形成了视觉差异，又在水平线脚、立面模数等方面保持着联系，形成和而不同、清晰生动的视觉效果。

5. 使用反馈：使用后评估问卷统计验证了绝大部分使用者对建筑外部形象的品质评价较高（图17、图18）。从对使用者进行的访谈中获悉：新世界商务中心的外部形象令使用者印象深刻。远观建筑物时，不同表皮的形体构成的远层次质感与建筑顶部清晰的几何造型（图19）使办公客户在商务区中清楚地辨识出本建筑。走近建筑时，不同表皮的构造分格与材料自身的独特质地使办公客户获得了层次丰富、连绵持续的视觉体验（图20）。

6. 该模式原型实例所体现出的相关理论：外部空间多层次质感理论。外部空间多层次质感理论是日本建筑家芦原义信在其《外部空间设计》中特别提到的理论。在建筑外部设计中，质感与观赏距离存在着紧密的关系。人靠近建筑外墙，能充分地观赏建筑材料质感的范围可考虑为第一次质感。当处于看不到材料质感的距离时，可以考虑由立面板材接缝的分格构成第二次质感。当更

图15

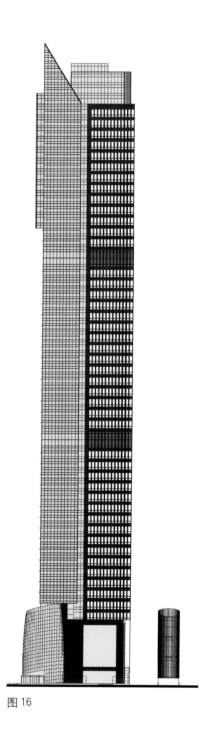

图 16

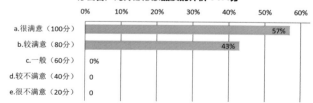

办公客户对外部形象品质的评价 91.4分

图 17

物业管理人员对外部形象品质的评价 92.6分

图 18

图 19

图 20

远看不清接缝分格距离时，可以考虑由不同材质表皮界定的形体构成第三次质感。不同层次的质感可以使建筑使用者获得层次丰富、连绵持续的视觉体验。

模式 4　矩形建筑角部无柱的观景模式

1. 原型实例：新世界商务中心塔楼标准层角部无柱的观景策略（图 21）。

2. 相关说明：角部无柱的 270° 观景模式是矩形建筑提升塔楼品质的一种有效方法。

3. 应对的问题：如何将矩形建筑角部空间潜在的 270^0 景观资源加以实现。一些矩形建筑平面设计中往往因为常规结构角柱的设置而失去了创造观景空间的机会。

4. 问题的解决方案：矩形建筑角部具有 270° 的宽广视野，宜通过结构措施实现角部无柱化，为客户创造观景价值。在原型实例的新世界商务中心中，采取了标准层角部无柱的设计策略，即通过适当加大结构投入，在标准层南北角部分别实现无角柱的 290° 与 250° 视野的观景空间（图 22），极大提升角部空间的景观价值。

5. 使用反馈：使用后评估问卷统计验证了绝大部分使用者对角部无柱的评价较高（图 23）。从对使用者进行的访谈中获悉：新世界商务中心的角部无柱空间令使用者印象深刻。角柱的取消使窗外的莲花山、中心区广场如连续的画卷呈现，使居此办公的客户获得了极其愉悦的观景体验。

6. 该模式原型实例所体现出的相关理论：窗外景观影响理论。窗外景观影响理论由美国得克萨斯 A&M 大学建筑学院 Ulrich 教授 1984 年在《科学》杂志上发表的《窗外景观可影响病人的术后恢复》论文提出。该文描述了对同一走廊两侧病房内的患者进行为期十年的对照观测。其结果证明：病房窗外的自然景观比另一病房窗外的砖墙景观更有利于患者术后的恢复，并减少了患者所需住院时间及所需止痛药的强度和剂量。这篇文章的意义在于，它首次运用严谨的科学方法证明了窗外景观对室内使用者的重要作用。

三、使用后评估成果之可持续使用改进建议

1. 观赏式花园向步入式花园的改进建议

新世界商务中心的水花园虽然作为此地的一处胜景获得了众多使用者的赞誉，但是，使用后评估也了解到部分客户的些许遗憾。即，只可观赏，不可步入，尤其

图 21

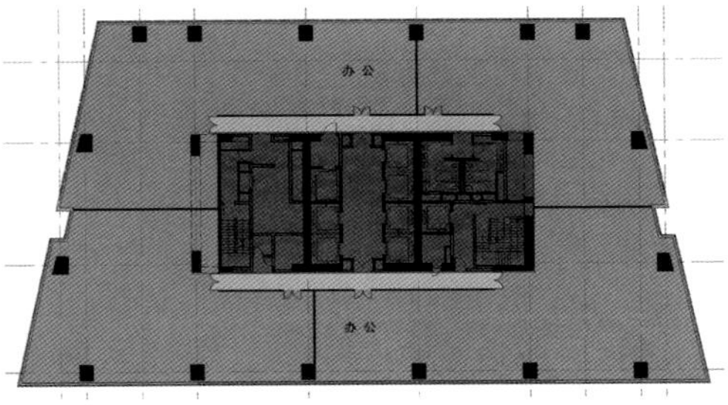

图 22

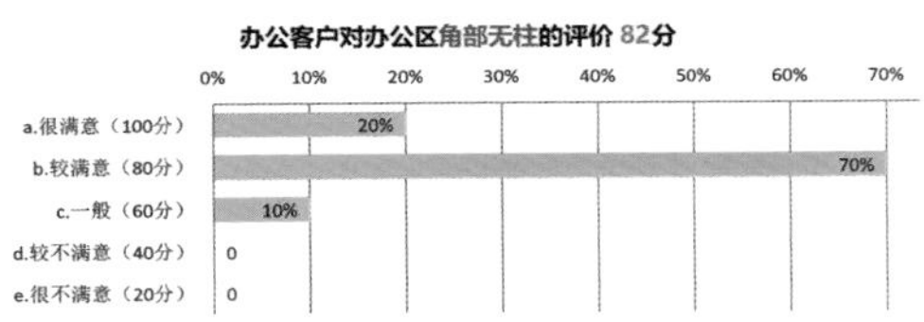

办公客户对办公区**角部无柱**的评价 **82分**

	0%	10%	20%	30%	40%	50%	60%	70%
a.很满意（100分）			20%					
b.较满意（80分）							70%	
c.一般（60分）	10%							
d.较不满意（40分）	0							
e.很不满意（20分）	0							

图 23

午餐后，如果大堂西侧便门不再锁闭（图24），并且在水花园中沿水池南侧设置一条步行栈道，餐后散步的客户就能从东侧主入口处沿水池步入（图25），在浓密的树荫下，在潺潺瀑布水声中，非常诗意地闲庭信步，期间也可以在栈道旁的椅凳上小坐片刻，最后绕至大堂西侧便门走回建筑。

2. 进一步避免北侧广场人车交叉的改进建议

新世界商务中心的北侧广场已经通过人车道路分设避免了人车交叉。但是，通过使用后评估发现几乎所有步行者或由于存在"捷径"，在道路入口处都不走人行道口，而斜穿车行道进入（图26）。为了进一步避免北侧广场人车交叉，可否在目前所谓的"捷径"之处增设绿化屏障（见图27，红色蒙板区域），同时，把现在人行道中的六级台阶改为更易行走的坡道（见图27，绿色蒙板区域）。

3. 进一步提升北侧入口雨棚使用功效的改进建议

新世界商务中心的北侧入口雨棚为步行客户在雨天收、撑伞提供了便利的空间。但是，使用后评估发现对于出租车的落客而言，雨棚的出挑距离略显不足（图28）。为了进一步提升北侧入口雨棚的使用功效，可以增加其出挑范围，完全覆盖停车落客空间，类似于另一栋建筑的雨棚（图29）。

四、使用后评估回述

本项目建成伊始，在初次评优中，经过建筑回访（接近陈述式后评估），对当初设计理念的贯彻得出了反馈研判，初步实现了反馈客户的后评估短期价值。本次后评估，明确以调查式的层次进行（包括回顾、计划、调研、分析、总结等工作阶段），并与之前的回访资料比对。证实了相关设计理念在经历多年使用考验后，仍对民众生活和建筑学具有贡献意义，并以"循证设计模式"梳理，为同类建筑设计资料库、设计标准和指导规范的更新提供一手资料。同时，梳理"可持续使用改进建议"，以促进建筑性能的持续改善，延长建筑生命周期。因此，本次调查式后评估与竣工后初次评优的建筑回访关联、比对，共同实现了后评估的中、长期价值。

图 24

图 25

图 26

图 27

图 28

图 29

对使用后评估（POE）报告的点评

后评估点评专家 吴硕贤院士

深圳新世界商务中心是位于深圳市中心区的一栋引人注目的超高层建筑，曾经获得建筑业内的佳评，获得过 2009 年北京市第十四届优秀工程设计一等奖与 2009 年度全国优秀工程勘察设计行业奖建筑工程二等奖。对这样一栋商务中心超高层建筑开展使用后评估本身就扩大了建筑使用后评估的实践领域，具有挑战性。本评估报告令人信服地表明使用后评估适用于所有建筑与建成环境，是建筑师提高设计水平、检验设计初心与实际效果符合程度的不二途径，也是建筑师总结与发现设计成败、方案优劣所必需的反馈环节。同时我想特别指出的是，使用后评估还是开展令人信服的建筑评论的最佳途径之一，因为通过使用后评估调研，较广泛地、随机地了解公众与专家的意见，可避免少数人主观性过强的，或先入为主的，或仅从某一角度出发而得出的有失偏颇的结论。同时，通过使用后评估所得出的结论，是经过论证的与经过一定的科学程序分析而得出的较客观的结论，自然就具有较高的可信度。从本评估报告可看出，包括水花园、橄榄厅、外部形体及表皮处理以及室内角部无柱观景模式这些建筑师的设计亮点与匠心，在实际使用过程中，都取得了与设计初衷一致的良好效果，同时也发现若干诸如水花园的可进入性、北侧广场人车交叉及北侧入口雨棚挡雨功效不足等有待改进之处。这些都是可贵的反馈信息。当然若评估报告能以更多些的篇幅来反映评价者的一些生动、具体和重要的意见与评论，则更佳。

深圳保利剧院

建筑设计单位：深圳市华筑工程设计有限公司

方案主创建筑师：GEORGES HUNG

设计团队：李长明　张　骐　李海峰　陈　扬　李文林
　　　　　郑　和　聂志春　刘文锋　李　和　梅　宁
　　　　　蒋震球　郭　昊　李龙飞　廖华平

后评估负责人：李长明

工程地点：深圳市南山商业文化中心区核心区

设计时间：2004～2005 年

竣工时间：2007 年 12 月

建筑面积：21711 m² （观众厅固定座席 1455 座）

建筑高度：35.8m

荣誉奖项：

2009 年深圳市第十三届优秀工程勘察设计公共建筑一等奖

2009 年广东省优秀工程勘察设计　工程设计一等奖

2010 年全国优秀工程勘察设计行业奖建筑工程三等奖

　　深圳保利剧院，作为南山保利文化广场的重要组成部分，位于深圳市南山商业文化中心区核心区东南部，是由中国保利集团投资兴建的综合性甲等剧院，定位为国内一流的多功能大型剧场，可满足歌舞剧、话剧、音乐会、戏曲及综艺汇演等多种演出功能要求，其舞台设备、灯光音响配置及建筑声学效果，都以国内领先水准为设计目标。

　　深圳保利剧院，是具有现代特征的剧院建筑，设计采用变异的壳体造型，把剧院前厅、观众厅、舞台包裹为一体，以打破传统剧院三段式造型模式，形成了一种与众不同的简洁，体现出建筑风格上的大胆与自信，使人感受到建筑凝固的力量和恢宏的气势。

　　剧院西侧光洁的金属板壳体屋面，覆盖着令人倍感神秘的剧院舞台、观众厅；东侧玻璃幕墙，又把高敞的剧院休息大厅和金黄色的观众厅壳体墙面向城市呈现出来。纯净、开敞而又主题突出的剧院前厅公共空间，营造出剧院特有的文化氛围，金属屋面板与玻璃幕墙的独特组合，更构成了深圳保利剧院外形强烈的视觉识别。

　　十余年来，深圳保利剧院已经成为城市文化新地标，而每年 200 场的各类高水准文艺演出，更为丰富与提升深圳市民文化生活作出了不可替代的贡献。

深圳保利剧院十年前竣工时外景

深圳保利剧院使用十年后外景

使用后评估（POE）报告

一、结论

通过使用后评估，确认了深圳保利剧院项目在使用十年后仍保持着优良的使用状态，仍按照初始的建筑策划及设计运营。

二、使用后评估成果之循证设计模式总结

模式 1　剧院与商业综合体组合建造模式

1. 原型实例：深圳保利剧院与保利文化广场商业综合体组合建造（图 1）。

2. 相关说明：国内城市剧院的建设，许多选址在城市新区，风景优美，占地开阔，但交通不便，缺少配套，使得剧院的后期运营先天不足。

3. 应对的问题：国内剧院建设还普遍存在着"建得起，养不起"的现象，许多城市的大剧院，成了政府的"包袱"，

图1

政府投资建设，建成后还要政府补贴。所以各地剧院都在积极探索剧院建设运营的新模式。

4. 问题的解决方案：在深圳保利剧院建设之初，投资方中国保利集团，就提出了"以商养文，以文促商"的指导思想，建筑策划与设计的目标，是充分发挥文化商业地产的经营理念，以全新的概念把剧院的文化功能与休闲商业功能有机结合，形成更具活力的大型商业文化综合体——保利文化广场，实现商业项目与文化项目的相互融合与促进。

保利文化广场项目，位于深圳市南山商业文化中心区核心区东端，按照城市规划，南山商业文化中心区核心区定位为深圳市西部的商业中心、商务中心和文化中心，同时又是以游憩商业服务为特色的游憩商业文化中心（RBD）。

南山商业文化中心区核心区，汇聚的商务、商业、文化等各种功能建筑面积（地上）达 66 万 m²，地下停车数量超过 4600 辆（图 2）。保利文化广场，基地西侧为 12 万 m² 的海岸城购物中心，北面紧临 800m 长的二层商业步行街——深圳湾大街，步行街两侧高层办公楼、星级酒店林立，城市配套设施完善。项目基地东侧通过后海滨路与滨海大道相连，地铁 2 号线和 11 号线由此经过，交通十分便利。

保利文化广场项目总占地面积 53960m²，总建筑面积 146436m²（含深圳保利剧院），项目功能包括 A 区主题休闲餐饮区、B 区影视娱乐休闲区、C 区百货零售区及 D 区保利剧院（图 3）。

依托城市区域中心的区位优势和保利文化广场周边商业功能的有力支撑，深圳保利剧院可以很好地解决聚集人气、餐食服务、交通、停车等一系列问题，剧院的多功能空间更加便于商业运作。同时，剧院周围成熟的城市配套，还可以为剧院演职人员解决住宿、饮食、交通等难题。

图 2

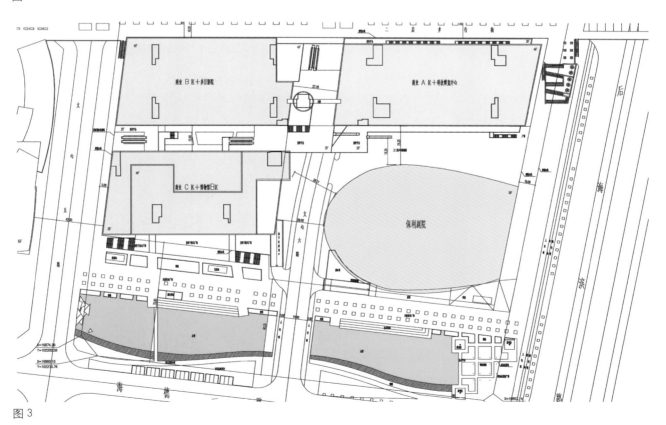

图 3

十余年来，深圳保利剧院借助与周边多种商业功能环境的融合，为剧院的高效运转创造了有利条件。2017年，深圳保利剧院当年演出场次超过 220 场，剧院在运营上取得了成功。

5. 使用反馈：通过大众点评网，可以发现市民对于剧院的交通便利、周边环境的繁华评价很高。使用后评估问卷调查验证了大多数观众对剧院的公共配套设施条件评价较高（图 4）。

现场实地调研，剧院东侧入口距离地铁后海站 E 出口仅 50m，剧院北侧广场与主题休闲区商业互动关系良好，东侧即将竣工的近 400m 高华润总部大厦"春笋"更为广场增添一景（图 5）。

6. 该模式原型体现的相关理论：美国城市学家简·雅各布斯认为，城市中彼此分离的"所谓功能纯化的地区如中心商业区、市郊住宅区和文化密集区实际上是功能不良"。她主张城市土地功能的混合使用，有利于创造出街区的多样性，才能给城市带来多元化与生命力。深圳南山商业文化中心区核心区，其最初城市设计的出发点，就是要在 21万 m² 的占地范围内，把商务办公、星级酒店、休闲商业、

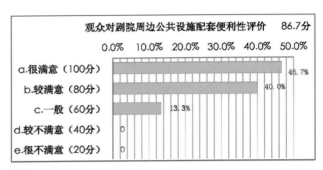

图 4

剧院、展览等多种商务、商业功能与文化功能有机结合，以打造更具活力的城市区域中心。现在南山商业文化中心核心区，已经成为深圳西部消费商圈中独具特色的商业文化街区，而深圳保利剧院更成为这个街区最具文化气质的城市地标。

模式 2 建筑形式与特定功能空间内在需求有机结合模式

1. 原型实例：深圳保利剧院建筑形式与剧院功能空间特定需求有机结合（图 6、图 7）。

图 5

图 6

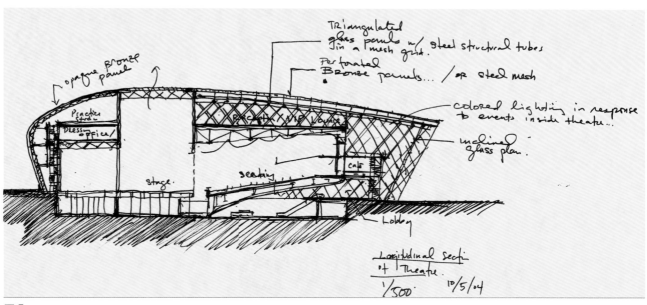

图 7

2.相关说明：在中国近十几年来的剧院建设热潮中，剧院往往都是各地城市的"形象工程"，其建筑外观的标志性，似乎成了最重要的关注点，于是各地剧院建筑外观争奇斗艳，由此引发了社会各界的众多争议。

3.应对的问题：剧院作为特定功能的文化建筑，其本身的功能性、技术性要求极高，如何在外部形式上体现剧院建筑的特质，而不是一味追求"奇奇怪怪"，是

建筑师应该重点思考的问题。

4.问题的解决方案：剧院建筑有别于其他类型公共建筑的主要空间是舞台和观众厅。深圳保利剧院平面设计，自东向西顺序布置剧院前厅、观众厅、主舞台、后舞台及化妆区，沿观众厅南北两侧外扩设置观众休息厅，并且考虑舞台进景和观众厅进出的便利性，舞台和观众厅入口标高均设在地面层，从而形成了合理的平面布局

（图 8）。在剧院剖面设计上，拟采用拟合不同空间高度的连续壳体造型，把剧院前厅、观众厅、舞台、后舞台包裹为统一整体，利用后舞台上空布置博物馆，利用侧舞台上空设置多功能排练厅，而在壳体东部自然形成高大、开敞的剧院前厅和休息厅公共空间（图 9）。

在剧院立面设计上，结合剧院前厅、休息厅的公共属性，其外围护结构采用通透的 Low-E 中空玻璃幕墙与彩釉中空玻璃幕墙相组合的做法；西侧四层及以上部位，考虑博物馆、排练厅功能的特殊性，以及西晒的不利因素，主要采用铝镁锰防水屋面外覆开缝铝蜂窝板做法；西侧三层以下化妆间区域，兼顾其使用时间上的特殊性和采光、通风的需要，采用双层外墙做法，外侧做铝穿孔板

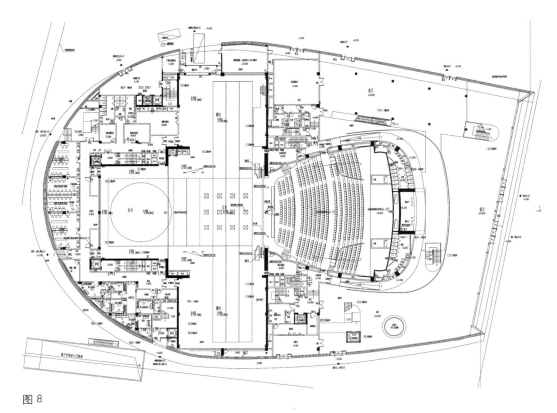

图 8

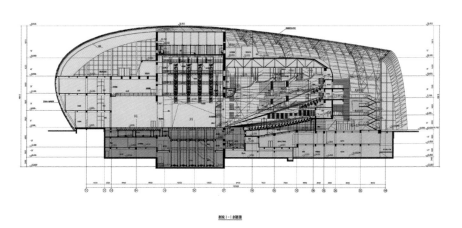

图 9

图 10

图 11

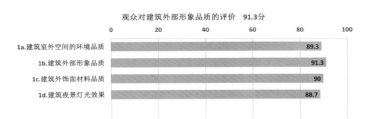

图 12

图 13

与壳体开缝铝蜂窝板连成整体（图 10）。

剧院整体造型设计，有机结合建筑各不同空间的功能需要，灵活处理建筑外围护结构的材料选择和虚实对比，简约、大气的形式，光洁的外表，赋予了深圳保利剧院独特的文化气质和魅力（图 11）。

5. 使用反馈：通过大众点评网，可以发现市民对于剧院外形比较喜欢，有诸如"建筑外形有未来感"，"设计简单有效，简约大气"等好评。同时，深圳保利剧院的建筑形象，经常出现在互联网站的摄影作品中，更经常出现在观众的自媒体中，也从侧面印证了市民对深圳保利剧院的认可和喜爱。

使用后评估问卷调查验证了观众对剧院建筑外部审美品质评价较高（图 12、图 13）。

6. 该模式原型体现的相关理论："有机建造"（Organic Building）理论。1900 年，沙里文（Louis Henry Sullivan）就明确提出了"有机建筑" 的观点，他强调建筑形式与功能的有机结合，此后莱特又把"有机建筑"理论发扬光大，他主张从事物的本质出发，提倡由内而外的设计手法。20 世纪 20 年代，德国建筑理论家雨果·哈林（Hugo Haring）进一步发展了"有机建筑"理论，提出了"有机建造"理论。他指出："有机更深层次的含义在于，对于建筑任务和他所处场所本质性的探究，创造者在这个基础上寻求被构筑物本身所产生的自然而然呈现出的建造形态。"

模式 3 公共建筑室内共享空间模式

1. 原型实例：深圳保利剧院前厅、休息厅采用共享空间设计手法（图 14）。

2. 相关说明：剧院前厅、休息厅，涵盖着观众候场、休息、交往、检票、疏散等多种功能，也是观众对剧院内部产生第一印象的公共空间，其体验感、空间品质非常重要。

3. 应对的问题：剧院前厅、休息厅，人流量大且短时间内就会形成人员密集，观众的行为需求如休息、存包、问询、上卫生间等多样而时间集中；如何在满足功能、有效疏导人流的前提下，创造高品质的公共空间，是剧院设计常常遇到的问题。

4. 问题的解决方案：深圳保利剧院，前厅朝向东侧的城市干道——后海滨路和后海湾区，剧院沿观众厅东、南外侧设有平均高度达 20m 的通高前厅，并在观众厅外围一至三层分层布置向前厅开敞的休息厅，通高前厅面积达 1300m²，各层休息厅面积累计达 1700m²。

剧院所有休息厅与前厅空间竖向完全贯通，形成了"人看人"的共享空间，前厅外表面为玻璃幕墙覆盖，周边的繁华景致与剧院大厅彼此呼应，高敞、壮观的大厅内，尺度震撼，光线明亮，空间导向性明确，上下的观光电梯、开敞楼梯上的人流成为前厅中特有的动感景观，观众在演出前后，在此轻松漫步，赏景谈天，拍照留念，可以充分体验城市文化生活带来的精神愉悦。

剧院的核心——观众厅，其弧形外表面为金黄色石材所包裹，透过不锈钢金属网，成为剧院前厅独特的背景

图 14

图 15 保利剧院夜景

图 16

图 17

装饰，烘托出前厅特有的文化氛围。前厅大尺度的金属网，成为悬挂剧院广告的绝佳选择，在剧院外，透过前厅的玻璃幕墙，观众厅外表的金黄色和剧院的巨幅招贴，清晰可见，呈现出剧院特有的开放性和公共性（图15）。

5. 使用反馈：使用后评估问卷调查验证了观众对剧院前厅、休息厅空间品质评价较高（图16、图17）。

6. 该模式原型体现的相关理论：

共享空间理论。"共享空间"是指以一个建筑内部大型的竖向空间为核心，综合多种功能空间，达成人人共享，促进人际交往的空间效果。美国建筑师波特曼（John Portman）把现代中庭空间引入酒店建筑时论述了这一空间理论。他认为，"人在一个空间中从一个区域往外看时，能觉察到其他人的活动，它将给你一种精神上的自由感受"。

三、使用后评估成果之可持续使用改进建议

1. 剧院前厅无框玻璃门改进建议

2018年9月的超强台风"山竹"，深圳保利剧院建筑经受了考验，但现场询问剧院管理人员得知，超强台风期间剧院东侧前厅主入口，无框玻璃门抗超强风能力不足（图18），建议将钢化玻璃门加厚或将门改成不锈钢框钢化玻璃门。

图 18

图 19

图 20

2. 剧院地下车库标识系统改进建议

虽然保利文化广场地下室为剧院提供了大量的停车位，但现场调研了解到，由于地下车库过大，从地下室进入剧院的路线标识不清（图 19），常常导致开车的观众迟到，建议增加地下车库内进入剧院的标识系统。

3. 剧院一层休息厅局部改进建议

现场调研发现，剧院一层休息厅的售卖处周围，休息座椅的摆放凌乱，并且桌椅的形式以及附近的摆饰与前厅空间的总体风格很不协调（图 20），建议改进。

四、使用后评估回述

本项目建成伊始，在初次评优中，经过建筑回访（接近陈述式后评估），对当初设计理念的贯彻得出了反馈研判，初步实现了反馈客户的后评估短期价值。本次后评估，明确以调查式的层次进行（包括回顾、计划、调研、分析、总结等工作阶段），并与之前的回访资料比对。证实了相关设计理念在经历多年使用考验后，仍对民众生活和建筑学具有贡献意义，并以"循证设计模式"梳理，为同类建筑设计资料库、设计标准和指导规范的更新提供一手资料。同时，梳理"可持续使用改进建议"，以促进建筑性能的持续提高和改善，延长建筑生命周期。因此，本次调查式后评估与竣工后初次评优的建筑回访关联、比对，共同实现了后评估的中、长期价值。

对使用后评估（POE）报告的点评

后评估点评专家 沈晓恒

在深圳市南山商业文化中心区的核心区，坐落着这座造型现代、颇具文化气质的深圳保利剧院。它被商业建筑所包围，透露着这一带的繁华气息与自身的从容不迫。它由深圳市华筑工程设计有限公司设计完成，建成10余年来，屡获重要的行业优秀奖项，并成为城市文化的新地标，每年承办约200场的文化演出。这一建筑是开展建筑后评估的典型例子，通过建筑后评估报告，可以看出该建筑仍按照初始的建筑策划及设计进行运营，保持着良好的使用状态。

剧院场地的选择是策划的重要部分：剧院与商业综合体组合建造的模式，"以商养文、以文促商"的策划策略，为保利剧院的高效运转创造了有利条件。而正是因为按照这样的方式选址布局，保利剧场也比同类建筑获得了更好的交通可达性和配套设施。这一区域也因此被创造成为多样的街区。建筑形式与特定功能空间内在需求有机结合的模式、室内共享空间的模式等为保利剧院带来了优秀的空间序列和良好的客户体验。

以上都是后评估的良好结果，同时保利剧院也是建筑策划的优秀案例。我们可以看到，在后评估报告中的改进建议中，对剧院的玻璃门材质、地下车库标识系统及休息厅桌椅的摆放等提出了建议，相较而言这些都是比较易于改善之处。该建筑除了使用建筑后评估问卷调查的方式，还运用了大众点评等口碑网站的数据，值得肯定。对于剧院这类特殊的建筑类型，若能提供声学报告，则更好。

深港西部通道口岸旅检大楼及单体建筑（深圳湾口岸）

设计单位：深圳市建筑设计研究总院有限公司

设计团队：孟建民　刘琼祥　许红燕　丁建南　宁　坤

　　　　　王　超　谢浩文　邓立平　刘明谦　黄晓林

　　　　　胡　同　李敏生　黄孚浩　归素川　宋昌林

后评估团队：许红燕　冯莉莉　李永光　刘　瑜

　　　　　夏艳朝

建设单位：深圳市深港西部通道工程建设办公室

　　　　　香港建筑署

顾问公司：香港关善明建筑师事务所

工程地点：深圳市南山区

用地面积：117.89 万 m²

建筑面积：15.3 万 m²

其中旅检大楼：5.67 万 m²

设计时间：2003 年 6 月～2007 年 7 月

使用时间：11 年

历年获奖：

2007 年广东省注册建筑师协会第四次优秀建筑佳作奖

2009 年深圳市第十三届优秀工程勘察设计公共建筑一等奖

2009 年广东省优秀工程设计一等奖

2009 年中国建筑学会建筑创作大奖入围奖

2009 年巨型钢结构 - 混凝土结构设计优秀建筑结构设计三等奖

2009 年第一届广东省土木工程詹天佑故乡杯

2010 年 2009 年度全国优秀工程勘察设计行业奖建筑工程（中外合作项目）二等奖

2010 年深圳市 30 年 30 个特色建设项目

2012 年广东省科学进步特等奖

2012 年百年百项杰出土木工程

　　为适应深港两地迅猛增长的交通需求，深圳市政府于 1993 年提出西部通道设想，深圳湾口岸为西部通道的重要主体工程之一。经前期研究并与香港特别行政区充分沟通，双方达成共识并明确，深圳湾口岸选址为深圳填海区域，口岸采用车检基本独立的"一地两检"模式，港方辖区的建筑设计及建造由香港特区委托深圳市政府设计建造，港方建筑及场地建成后交由香港特别行政区使用及管理。

使用后评估（POE）报告

一、结论

深港西部通道口岸旅检大楼及单体建筑（以下称深圳湾口岸）于 2007 年竣工，至今建筑建成使用 11 年，期间在 2011 年大运会前进行了部分增补改造，整体项目仍保持良好的使用状态，未改变原设计意图。

二、使用后评估成果之循证设计模式

模式 1 "一地两检"模式

1. 原型实例及相关代表照片（图 1、图 2）。

2. 相关说明

采用"一地两检"查验模式，以人性化的设计，实现口岸通关便捷、高效。

3. 应对的问题

如何解决"一地两检"特殊条件下口岸查验功能布设及土地集约利用，实现和谐区域规划，营造高效、便捷、智能、环保、绿色口岸。

如何通过旅检大楼的功能布局实现深港两地旅检查验功能的合理、协调与统一。

如何在"一栋大楼"实现"一地两检""一楼两规范""就高不就低"的设计原则。

4. 问题的解决方案

1）通过多方案比较，分析多层次的口岸功能分区、优化的口岸布设，提出口岸的合理布设；为实现深港真正的一地两检，将深港旅检大楼及旅检查验通道完全连接在一起，最大程度地集约土地利用，实现和谐区域规划（图 3）。

分析明确口岸各要素的通行能力，全面均衡交通的

图1 （摄于 2007 年）

通行能力，实现整个工程整体交通效能。

2）交通、口岸类建筑，解决旅检大楼旅客通行的便捷、舒适、高效极为重要，设计中，在满足查验必需的观察间距、等候场地要求等条件下，使旅客、客车及小汽车的通关距离最短。通过高科技查验手段、高智能化的查验技术，提高通关效率。

充分考虑形势和政策如旅客"自由行"的变化，提前进行预判，提出如"潮水式"验放等相应的措施，解决特殊情况下的通关问题。通过调研，自2007年通关以来，深圳湾口岸的通关人次数逐年增加（图4）。

3）深圳湾口岸建设场地为深圳填海而成，由于建设期港方建筑属地原则，在设计建设期间必须执行内地的法律法规，建成以后，通过法律手段移交香港管理及维修，因此又必须满足香港规范，设计中对深港两地的规范、表达方式及政府审批原则等进行详细的比较和研究，并聘请香港关善明建筑师事务所等香港设计顾问，在设计港方建筑时，确保设计成果满足"一地两检""一

楼两规范""就高不就低"的设计原则。在遇到特殊情况时（如深港混凝土标准不同），采用深港技术小组会议，或深港联合工作小组会议，共同研究解决。

5. 使用反馈

深圳湾口岸建成至今已运行11年，我们向现场办公查验人员、管理人员、通关旅客进行问卷调查，通过问卷统计获悉，现场查验人员对项目整体评价较高。对查验的便捷性、查验环境均满意。对管理人员访谈获悉：对整体评价较满意，对人行通道、查验通道、区域查验、地下设备用房等比较满意，对空中花园体验感一般。对旅客访谈获悉：对通关体验较满意，查验便捷性较好，对查验等候区、室内空间感觉均较好（图5～图7）。

6. 相关理论："一地两检"理念

"一地两检"理念是深圳市政府与香港特别行政区于2002年提出的口岸特殊的查验模式，口岸由于特殊地域的限制，一般分设在不同的地界，实行两地两检，

图2 （摄于2018年）

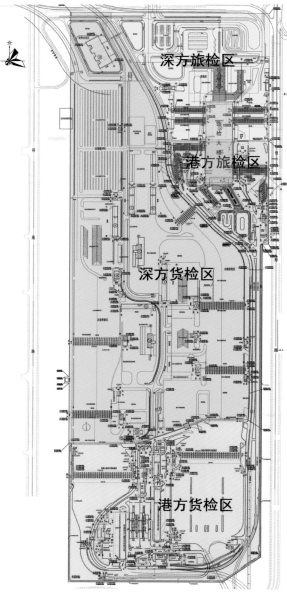

图 3

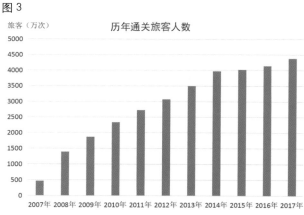

图 4

深圳湾口岸由于深港之间的特殊性以及香港侧地理条件的限制，深港两地政府通过协商，为节约土地，节省通关时间，提高通关效率，并从人性化的角度，提出"一地两检"的通关理念。该理念在报国务院港澳事务办公室（2002年）《关于在深港部分口岸实行"一地两检"查验模式的复函》中予以明确。

模式 2 　建筑主入口主题模式

1. 原型实例及相关代表照片（图 8 ~ 图 11）。

2. 相关说明

旅检大楼通过具有标志性入口的设计，充分体现建筑的属性特点，使建筑具有鲜明的特征又具可识别性。

3. 应对的问题

如何体现深港不同出入口的相似与不同，标志性和可识别性。

如何体现滨海建筑的特点。

4. 问题的解决方案

旅检大楼是深圳湾口岸功能最复杂、体量最大的建筑，是深圳湾口岸的主要标志性建筑。大楼深港双方功能各自独立，建筑形态高度统一，通过多方案的比较，设计采用旅检大楼沿南北向线型切割，使形体富有动感；其中心区域采用起翘、舒展的镂空飘板覆盖三层屋顶花园，飘板顺势向南北两向延伸，港方入口拔地而起的曲板向上延伸至深方入口，在深方形成起翘之势，一起一伸构成旅检大楼深港双方的标志性入口，其产生的力度与飘逸，既符合交通建筑便捷顺畅的特性，又体现出海洋文化的轻灵与空透，成为深圳湾口岸的标志建筑（图12 ~ 图18）。

5. 使用反馈

通过建筑师后评估问卷获悉，现场办公查验人员、管理人员及通关旅客对项目整体造型评价很高。对旅客、办公查验人员。从对管理人员的访谈中获悉：对深港主入口造型非常满意（图19）。

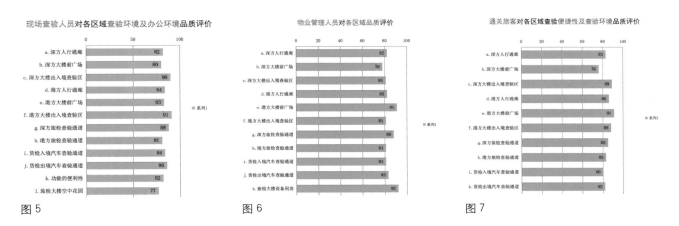

图 5　　　　　　　　　　　图 6　　　　　　　　　　　图 7

图 8　（摄于 2007 年）

图 9　（摄于 2007 年）

图 10　（摄于 2018 年）

图 11 （摄于 2018 年）

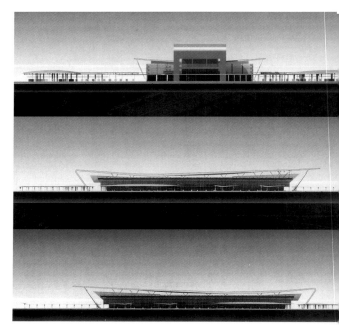

图 13

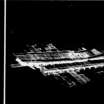

图 12

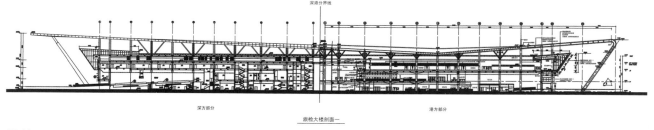

图 14

6．模式相关理论：建筑入口设计理论

建筑入口作为建筑内外部的过渡空间，一方面反映了建筑的性格，另一方面作为建筑与人身体、心理的直接接触点，给人以心理暗示，从而引导人的行为。对其探讨与研究，涉及空间、人性和城市等多方面，若在更深层次上探究，还涉及建筑美学、环境心理学、行为学、形态与视觉关系等诸多领域。

有关建筑入口设计理论在相关研究中，有高轸明、王金平编著的《建筑入口》，梁振学编著的《建筑入口形态与设计》以及英国人凯瑟琳·斯兰瑟编著的《当代建筑入口空间》等论著。《建筑入口》是较早的专著，书中扼要介绍了建筑入口的功能（防卫、交通、遮蔽、

图 15

图 16

图 17

图 18

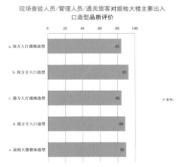

图 19

标志、文化）、布置形式、布局形式等。

模式 3　高度信息化、智能化模式

1. 原型实例及相关代表照片（图 20、图 21）。

2. 相关说明

口岸是人流密集场所，查验手段的便捷高效极为重

图 20

图 21

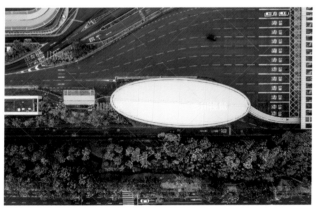

图 22

图 23

图 24

图 25

要。口岸的通关原则是快速通关，只有通过合理的建筑布局和高度信息化、智能化才能实现。

3. 应对的问题

如何通过高度信息化的建设，配合深港双方落实"一地两检"的运行模式。

如何将现代智能技术综合应用于深圳湾口岸的职能业务管理上，实现高效通关。

如何通过高度智能化的建设，实现深港之间楼宇智能化、火灾报警自动化、办公自动化、交通监控系统、电子收费等多种智能化系统协调（图 22、图 23）。

4.问题的解决方案：

深圳湾口岸是缓和深港出入境人员、车辆拥挤的重要项目，它是一个融"旅客查验""客车查验""货车查验"于一体，具有综合性的大型陆地口岸。它有别于传统的陆地型口岸，是快捷、便利、舒适的智能化、数字化的口岸。

设计在统筹规划的基础上，根据在深圳湾口岸的各种业务流程分布情况进行合理布局安排，通过各系统与计算机网络系统的结合，实现深圳湾口岸通关业务及管理的全数字化和自动化，并实现深圳湾口岸的对外信息发布及交流，同时满足"一地两检"的运行模式。

系统建设完成交通监控系统、电子收费等多种智能化系统，这些系统均是以计算机网络系统为核心，将建筑技术、计算机技术、通信技术、控制技术、电子技术、监视技术和现代管理技术等众多相关的新技术紧密结合，有机集成，实现设备控制、通信、办公、消防、保安和管理的自动化，为口岸提供具有高度舒适性、高效性、便捷性、开放性、安全性和经济性的高水准服务，实现口岸内多系统的综合化数字化管理（图24、图25）。

5.使用反馈：

从对现场查验人员、旅客、管理人员的调查问卷中获悉：查验人员、旅客、管理人员对通关查验设施及查验体验较满意（图25~图28）。对查验人员的访谈获悉：对查验设施及查验流程非常满意，对办公自动化也较满意；对管理人员的访谈获悉：对设备控制、监控管理等较满意；对旅客访谈获悉：对通关的便捷性比较满意。

经过调研回访发现，深圳湾口岸的旅客及货车的通行能力均呈逐年提升（图4、及后面图29），旅客的通行能力在高度信息化及智能化的协助下，已突破了原设计通关能力，很好地适应了"香港自由行"等相关政策的实施。

6.相关设计理论：智慧城市设计理念

智慧城市的理念首次提出是在2008年金融危机时期，当时主要是为了应对金融危机背景下城市发展的困境。随着该理念的广泛运用以及城市发展模式的成熟化，智慧城市理念已经在世界上许多国家得以实施，为城市的发展以及经济的进步作出了重要的贡献。

智慧城市的理念旨在于通过完善、新兴的发展模式，构建全方位、一体化的互联网沟通交流体系。该体系通过广泛采用互联网技术，将城市的运营和监督置于智能化管理体系之下。深圳湾口岸的信息化智能化设计正是智慧城市理论在城市高效运营的一次良性实践。

三、使用后评估成果之可持续使用改进建议

1.深方旅检区人行通道避雨问题

设计中深方入口，在旅检大楼入口处，由于旅检大楼屋顶较高，台风来袭时，有局部淋雨情况，可改进。（图30）

2.深方入口局部幕墙清理维修问题

旅检大楼深方入口，斜向玻璃幕墙清洗和维修有一定的困难，可改进（图31）。

3.深方旅检大楼空中花园利用问题

旅检大楼三楼深港两侧均设置了空中花园，港方空中花园利用很好，深方的空中花园利用率不甚理想，

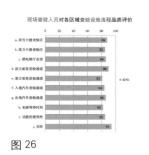

图26

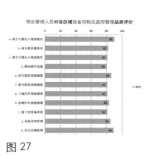

图27

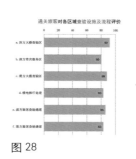

图28

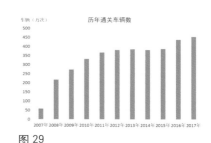

图29

可改进管理模式,提高利用率(图 32)。

四、使用后评估回述

本项目建成伊始,在初次评优中,经过建筑回访(接近陈述式后评估),对当初设计理念的贯彻得出了反馈研判,初步实现了反馈客户的后评估短期价值。本次后评估,明确以调查式的层次进行(包括回顾、计划、调研、分析、总结等工作阶段),并与之前的回访资料比对。证实了相关设计理念在经历多年使用考验后,仍对民众生活和建筑学具有贡献意义,并以"循证设计模式"梳理,为同类建筑设计资料库、设计标准和指导规范的更新提供一手资料。同时,梳理"可持续使用改进建议",以促进建筑性能的持续提高和改善,延长建筑生命周期。因此,本次调查式后评估与竣工后初次评优的建筑回访关联、比对,共同实现了后评估的中、长期价值。

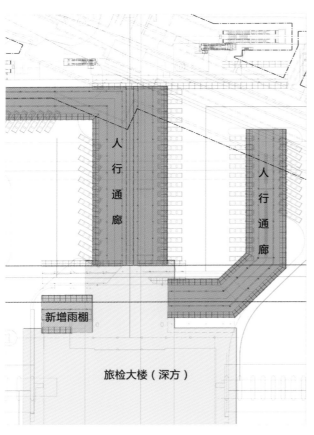

图 30

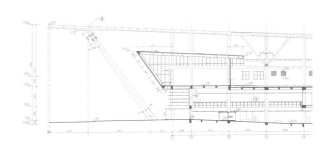

图 31

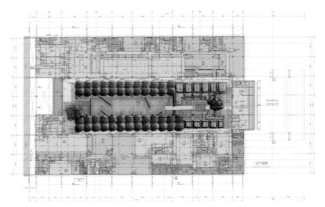

图 32

对使用后评估（POE）报告的点评

后评估点评专家　陈晓唐博士

深圳湾口岸是由国内著名建筑大师孟建民院士领衔担任主创设计师设计，已建成十余年并屡获重要设计奖与优秀工程奖的深圳市标志性公共建筑。对于这样一座建筑开展使用后评估调研，具有重要意义。通过使用后评估，证实该建筑在使用十余年后仍然保持着良好的使用状态，仍然按照初始的建筑策划及设计运行；其中使用者对深圳湾口岸整体造型及主入口造型，均有充分的认同感；对深圳湾口岸"一地两检"的模式，表示赞赏与肯定；对深圳湾口岸高度信息化、智能化所带来的便捷性与舒适性，也都表示充分的认可。这些都是令人欣慰的结论。同时，使用后评估也发现，即使像深圳湾口岸这样成功与著名的建筑，也难免存在瑕疵与不足之处。例如深方入口避雨覆盖、深方斜向幕墙清洗，尚存在不足及欠缺，值得设计者注意并采取措施加以改善。此次的后评估报告，总结了"一地两检"口岸建筑的使用情况，具有较强的参考价值。

深圳创意产业园二期 3 号厂房改造（南海意库 3 号楼，招商地产总部）

设计单位：深圳市清华苑建筑与规划设计研究有限公司

合作单位：清华大学建筑学院
深圳毕路德建筑顾问有限公司

设计团队：梁鸿文 江卫文 冯嘉宁 曹 珂 潘北川
贾文文 左振渊 胡明红

后评估团队：江卫文 潘北川

设计顾问：江 亿 栗德祥 李念中 陈晓阳 张 婷

工程地点：深圳市南山区蛇口兴华路 6 号

设计时间：2006 ~ 2007 年

竣工时间：2008 年 6 月

建筑面积：25023.90m²

建筑高度：21m

奖项荣誉：

2007 年国际住协绿色建筑奖绿色建筑范例项目
（国际住宅协会）

绿色建筑设计标识证书三星级（中华人民共和国
住房和城乡建设部）

第三届中国建筑学会暖通空调工程优秀设计一等奖
（中国建筑学会）

2013 年度香港建筑师学会海峡两岸与香港澳门建
筑设计大奖优异奖（香港建筑师学会）

全国绿色建筑创新奖一等奖（中华人民共和国住
房和城乡建设部）

健康建筑设计标识证书二星（中国健康科学研究会）

项目原为工业厂房，通过改造成为招商地产总部办公楼。首先对旧厂房进行结构加固、加建改造，再根据深圳气候特点，以建筑设计为龙头，集成运用了 60 多项结构、通风空调、给排水、电气方面措施，使建筑的综合节能达 65% 以上，成为最早实践"四节一环保"标准的绿色建筑之一。改造后，废旧厂房焕发出新的生命力。

项目是当时深圳市唯一既有建筑改造、再生能源利用示范项目，被国家建设部和发改委评为全国 35 个节能示范项目之一，是国内第一个获得国际住协绿色建筑奖的既有建筑改造类项目，其建筑节能系数达 66%，在华南地区既有建筑改造项目中最高。

项目亦是深圳市第一个利用人工湿地技术来处理杂

用水回用到厕所的项目，实现了生活污水零排放、中水全回用的目的，非传统水源利用率达 60%，超过国家 30% 的最高标准。

十年前竣工全景图

使用十年后全景图

使用后评估（POE）报告

一、结论

通过使用后评估明确，深圳创意产业园二期 3 号厂房改造（南海意库 3 号楼，招商地产总部）项目保持良好的状态，仍按照初始的建筑策划及设计的功能运行。

二、使用后评估成果之循证设计模式

模式 1 大进深建筑的自然通风采光模式

1. 原型实例：对原大进深厂房中间开出拔风、通风、采光中庭，并在其上设置通风塔，以改善办公的自然通风及采光性能，改善空气质量（图 1～图 3）。

2. 相关说明：对于办公建筑，空调能耗占总能耗 40% 以上，此措施不仅涉及建筑内功能及环境的改善，而且是降低建筑能耗、改善自然通风性能、改善空气质量的有力措施。

3. 应对问题：原建筑为大进深厂房，建筑中部采光、通风、空气质量较差，如只简单将其改造为办公空间，势必出现部分办公空间为"黑房"的状况，为此需要配备机械通风及空调新风装置，从而增加建筑能耗，增加建筑的运营成本。

图 1 采光中庭上部内景

图 2 采光中庭上部屋面通风塔

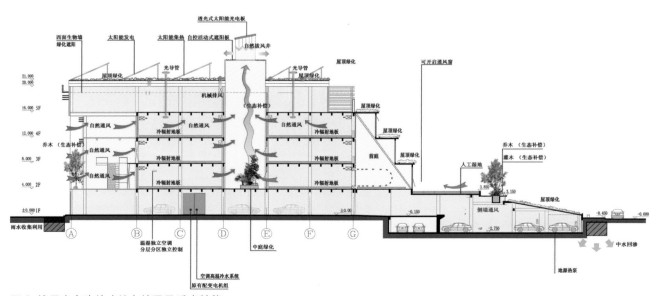

图 3 拔风中庭改善建筑自然通风采光性能

4. 解决方案：原大进深厂房中部三、四层及屋面层开出通风采光中庭，并在其上设置通风塔（图 4）。开洞平面尺寸为原厂房一垮，风塔高度经通风模拟计算而定，建筑南北面的空气流通至中庭后，经通风塔拔升，由塔顶排出，整个建筑内的空气在热压风压作用下实现自然流通。在外界温度适宜，建筑无须开空调的情况（过渡季）下，中庭的设置使得整个办公空间有了良好的自然通风采光环境（图 5），从而延长了建筑在过渡季中的自然通风采光的应用时间，减少了空调的使用时间，降低了建筑的能耗。

5. 使用反馈：建筑师通过使用后评估问卷统计，获悉办公楼客户对项目的办公中庭品质评价较为满意（图 6）。从对使用者进行的访谈获悉：本办公建筑中庭空间尺度适宜，在外界温度适宜，建筑无须开空调的情况下，温度湿度舒适，环境令人愉悦放松。相较其他未设中庭

的办公建筑，使用客户更欣赏本建筑中庭的存在方式。

6. 该模式原型实例体现出的相关原理：热压自然通风原理。建筑中设置中庭，突出屋面设置风塔，利用阳光加热塔顶，使中庭底部和风塔顶部形成热压差，产生烟囱效应（stack effect）。中庭底部，室外气压大于室内气压，中庭顶部则反之。其中存在一压差为零的水平面——中性面（Neutral pressure level），中性面以下，室内气压小于室外，空气由室外导入室内；中性面以上则流出室外（图 3）。通过模拟计算，确定中庭高度、宽度、出风口与进风口的面积比，加上在中性面上设置机械辅助排风，即能设计出性能良好的被动式通风中庭。

模式 2 临街环境友好模式

1. 原型实例：为减少建筑北面加建办公大堂和半地

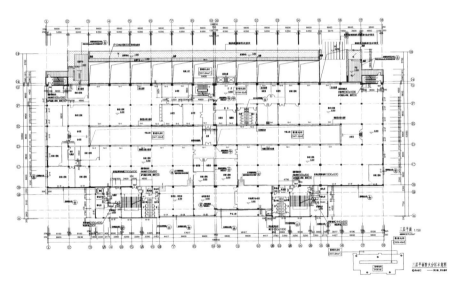

图 4 中庭开洞平面

图 5 中庭内景（使用十年后）

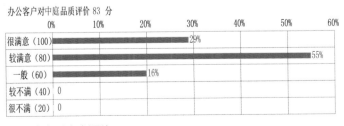

办公客户对中庭品质评价 83 分

	0%	10%	20%	30%	40%	50%	60%
很满意（100）				29%			
较满意（80）						55%	
一般（60）			16%				
较不满（40）	0						
很不满（20）	0						

物业管理人员对中庭品质评价 84 分

	0%	10%	20%	30%	40%	50%
很满意（100）					40%	
较满意（80）					40%	
一般（60）		20%				
较不满（40）	0					
很不满（20）	0					

图 6 客户对中庭评价

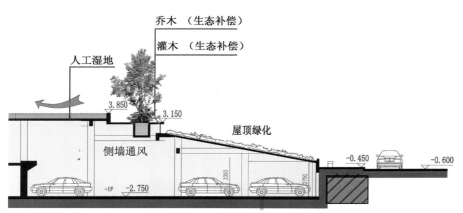

图 7 车库剖面示意

图 8 办公大堂剖面示意

图 9 车库内景

图 10 办公大堂内景（竣工时）

下车库对太子路的影响，办公大堂屋面和半地下车库屋顶采用阶梯式、坡式，退向太子路（图 7~图 10）。

2. 相关说明：由于北面是建筑主立面兼入口大堂，此措施不但是建筑整体形象的体现，也是建筑与周边环境协调，改善与周边环境关系的重要措施。

3. 应对问题：加建办公大堂特别是半地下室后，建筑与太子路距离太近，对太子路上的行人产生一定的压迫感；原厂区本身是混凝土地面，缺乏绿色，且与太子路北面的公园无法形成呼应。

4. 解决方案：加建的办公大堂沿太子路退台，台上设置绿化，形成台阶立体绿化立面，此举减少了大堂的体积，降低了空调能耗，加建的半地下车库屋顶靠太子路边沿做成坡地绿化，二楼大堂相接处开辟生态浅水池，使大堂有开阔的视野。台阶设置减少了对太子路的压迫感，立体绿化增加了环境的绿视率和叶面指数，改善了临街环境及城市意象，成为该区的标志性建筑，与北面公园绿地在视觉上取得联系。建筑外观也得以突显其生态建筑的内涵（图 11~图 15）。

5. 使用反馈：建筑师通过使用后评估问卷统计获悉，办公楼客户对项目的办公大堂品质评价较为满意（图 16）。从对使用者进行的访谈获悉：本办公建筑大堂空间尺度适宜，温度湿度舒适，环境令人愉悦放松。相较

图 11 大堂实景（使用十年后）

图 12 车库屋顶与太子路的衔接

图 13 建筑退台外景（使用十年后）

图 14 立体绿化建筑成为地标

图 15 太子路外观（使用十年后）

办公客户对大堂品质评价 85 分

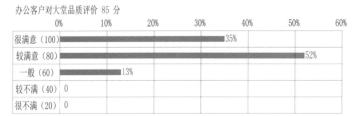

物业管理人员对大堂品质评价 84 分

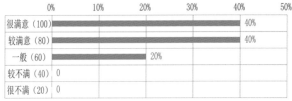

图 16 客户对前庭的评价

其他办公建筑的大堂，其外观有特色，使用客户更欣赏本建筑大堂的设计。

6. 该模式原型实例体现的出相关理论：凯文·林奇在其《城市意象》中提出，对于城市，都存在着一个公共印象，城市设计就应强化这些印象。这些印象总结为五类元素：道路、边界、区域、节点、地标。在节点设计时，界面要有特点，做到突出和难忘；与道路关系明确，交接清楚；节点空间可提供活动支持；节点的尺度适宜，根据不同的功能和作用，建立不同的尺度；节点与标志相配合，可增强节点的印象。

在芦原义信《外部空间设计》中提出的外部模数理论：建筑与建筑间的距离与高度之比（*D/H*），广场宽度与主体建筑高度之比，人与墙体高度或宽度之比。当*D/H*<1 时，人会感觉空间围合局促；*D/H*=1 时，人会感觉空间围合适当；*D/H*>2 时，人会感觉空间空旷没有围

合。对于这些比例的掌握，可用来创造一个适宜、充满活力的空间。

模式 3 应对深圳湿热环境的综合节能模式

1. 原型实例：针对岭南地区强光、高温、高湿的环境，加强遮阳设计，采用温湿独立控制的空调系统，加强建筑自然通风性能。此三项措施的综合使用令建筑的能耗得以大幅降低。

2. 相关说明：在深圳地区，全年太阳辐射分布均匀，日辐射强度高，节能设计的重点在于减少太阳辐射，而窗户遮阳可获得节能收益 10%~24%，用于遮阳的建筑投资则不足 2%。因此，遮阳设计是重要节能手段。

在空调领域，办公建筑集中空调能耗占建筑总能耗40% 以上，提高室内空气品质、减少能源消耗一直是业

图 17 西面使用垂直绿化及竖向遮阳

图 18 使用 Low-e 玻璃窗及南向横向遮阳

界关注的问题。对于华南地区高温高热环境下，采用更有针对性的降温策略，亦是具有普遍意义和值得探索的尝试。

　　加强建筑的遮阳设计、改善通风采光性能、多种成

熟技术综合集成利用，是建设节能绿色健康建筑的有效途径。

　　3. 应对问题：由于历史原因，原厂房没有遮阳设施、外维护结构材料不满足节能要求，其大进深使得建筑为

图 19　西面垂直遮阳和立体绿化效果（使用十年后）

图 20　中庭顶结合太阳能电池板形成光网络遮阳

图 21　车库顶屋面植草遮阳

通风采光耗费大量能源。常规空调系统采用冷凝除湿方式，降温与除湿同时进行，实际上，降温所需的冷源温度明显高于除湿所要求的冷源温度，故很难满足建筑室内空气温度与湿度同时变化的需求。

4. 解决方案：

1）通过平面改造，改善了建筑室内自然通风条件。

2）立体绿化及遮阳设计。在西面设垂直遮阳和立体绿化遮阳（图 17、图 19）；在北面设前庭屋顶分层绿化，以形成绿化垂挂遮阳；在南面设水平遮阳（图 18）；在中庭屋顶，结合太阳能电池板形成光网格遮阳，以保证采光的同时阻隔直射阳光（图 20）；在半地下车库屋顶，结合采光玻璃设置屋面植草遮阳（图 21）。通过日照模拟，设定遮阳构件尺寸及排布，不但保证室内采光，且保证室内对外景观，建筑各个方向的遮阳效果也得到了保证（图 22、图 23）。

在空调系统方面，采用温度与湿度独立处理的空调系统（温湿度独立控制空调系统）以避免常规空调系统的问题，有效提高空调系统的能源利用效率。此新型空调系统中，采用高温冷冻水即可实现控制室内空气温度的目的；采用溶液除湿或冷凝除湿等多种方式处理新风，满足控制室内空气湿度及提供新鲜空气的需求，从而大幅降低空调能耗。

图 22 露台遮阳

图 23 遮阳室内效果

图 24 新型空调机

图 25 冷辐射地板

加设冷辐射地板，结合独立除湿系统，对减少空调能耗起到了重要的作用（图 24、图 25）。

5. 使用反馈：建筑师通过使用后评估问卷统计获悉，办公楼客户对项目的办公楼的室内环境品质（温度、湿度）评价较为满意（图 26）。从对使用者进行的访谈获悉：本办公建筑大堂温度湿度舒适，环境令人愉悦放松。相较其他办公建筑楼，使用客户更欣赏本建筑的室内环境品质。

有关空调系统的使用情况，清华大学、北京华创瑞风空调科技有限公司和深圳招商地产有限公司进行了持续的监测，据 2008 年 9 月初至 10 月底所测，该项目空调系统年平均电耗约为 34.3 kWh/m²，测值基本吻合，约为深圳市同类办公楼平均空调用电水平（约为 49.5 kWh/m²。）的 69.3%，可节约空调系统电耗约 31%，使用情况良好，达到了最初设计的目的。

6. 该模式原型实例体现出的相关理论：清华大学栗德祥教授在《全面关注生态环境建设》一文中，根据系统论"整体大于各部分之和"原理，提出在建筑设计中，优先利用成熟技术、优化组合以达至集成创新。在具体设计中，根据建筑所在气候区的特点，采取相应的生态策略，构建生物气候缓冲层，形成地方特色。在选择生态策略时，主张被动式策略优先，主动式策略优化（图 34）。

清华大学江亿院士及学术团队的自然通风动态结构分析，带动了从动态特征上对自然通风的系列研究。针对华南地区高温高湿的气候环境下，提出延长过渡季自然通风的应用以减少空调能耗，在空调季则采用高效的温湿度独立控制系统、采用低能耗的冷辐射地板，两者综合应用的解决方案。

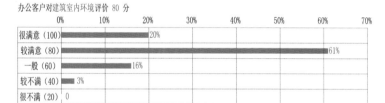

图 26　客户对建筑室内环境的评价

图 27　立体绿化稍缺　　　　　图 28　立体绿化效果建议一　　　　　图 29　立体绿化效果建议二

三、使用后评估成果之可持续使用改进建议

1. 中庭改进建议：中庭通风采光功能完善，唯绿视率和叶面指数偏低。建议增加立体绿化，以提高中庭的绿化景观（图 27 ~ 图 29）。

2. 大堂改进建议：大堂通风采光功能良好，唯室外生态水池池面因水浅，没能养殖水生植物。建议加深水池深度，养殖浅水的浮萍植物，更好地发挥水池的生态功能（图 30、图 31）。

3. 自然通风采光改进建议：建筑整体空调环境优良，唯调研中有反映，在过渡季的中午时段，室内温度偏高。建议优化室内隔断布置，靠近中庭布置宜开放，以改善室内通风条件（图 32、图 33）。

四、使用后评估回述

本项目建成伊始，在初次评优中，经过建筑回访（接近陈述式后评估），对当初设计理念的贯彻得出了反馈研判，初步实现了反馈客户的后评估短期价值。本次后评估，明确以调查式的层次进行（包括回顾、计划、调研、分析、总结等工作阶段），并与之前的回访资料比对。证实了相关设计理念在经历多年使用考验后，仍对民众生活和建筑学具有贡献意义，并以"循证设计模式"梳理，为同类建筑设计资料库、设计标准和指导规范的更新提供一手资料。同时，梳理"可持续使用改进建议"，以促进建筑性能的持续提高和改善，延长建筑生命周期。因此，本次调查式后评估与竣工后初次评优的建筑回访关联、比对，共同实现了后评估的中、长期价值。

图 30 室外水池缺乏生气

图 31 充满生机的水面

图 32 室内效果稍显封闭

图 33 靠近中庭布置宜开放

对使用后评估报告（POE）的点评

后评估点评专家　于天赤

　　南海意库是中国第一栋既有建筑通过绿色理念改造成为国家三星级绿色建筑的成功之作，是深圳绿色创新的榜样。招商地产由此将绿色发展变成企业的使命，推出大量的绿色作品，每年举办全国性的绿色论坛。一组建筑改变一个企业，带动一个行业，形成一种文化，其意义、影响已经超出了建筑本身。

　　由于原有厂房建筑无法解决地下停车问题，设计中采用的是首层架空做车库并向城市空间延展，上部设计成平台、绿坡、水体，既解决了城市空间向建筑空间的过渡问题，又为环境增添了绿意凉爽。在原有大进深的厂房中开辟中庭空间，利用自然采光、通风，改善室内环境，这种"被动式"绿色改造模式是绿色建筑设计中值得推广借鉴的模式。

　　在后评估调查中发现在使用时室内空间与中庭的开敞、联系不够而造成过渡季室内温度偏高，虽然是管理问题也值得设计师反思，为什么会出现这样的情况，怎样改进？

　　国家新版《绿色建筑评价标准（修订）》明年即将推出，其中重点强调的是绿色的可感知，人的关怀与健康。这栋建筑做到了，它依然是深圳的一处绿色地标！

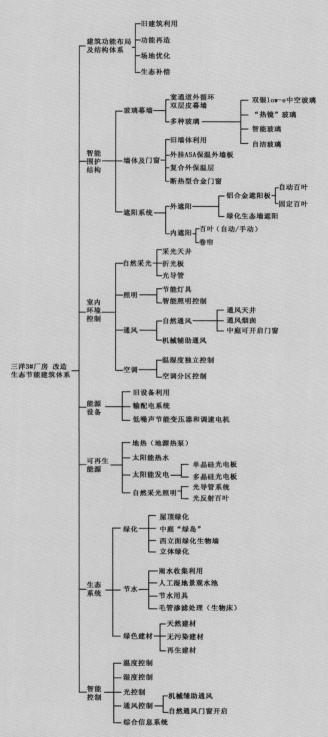

技术体系

深圳市中心区深圳书城

设计单位：深圳华森建筑与工程设计顾问有限公司

合作单位：黑川纪章事务所

主创设计师：黑川纪章　肖　蓝

设计团队：肖　蓝　王晓明　杨云航　谢善章　陆　洲

后评估团队：张明珠　许世和

工程地点：深圳市福田区福中一路 2014 号

设计时间：1998 ~ 2003 年

竣工时间：2007 年 1 月

用地面积：4.39hm²

建筑面积：8.4 万 m²

建筑高度：10m

奖项荣誉：

2009 年深圳市第十三届优秀工程勘察设计奖（公共建筑）二等奖

2009 年度全国优秀工程勘察设计行业奖

　　建筑总平布局从城市设计的角度出发，在南北轴线上联系市民广场和莲花山公园，东西方向联系东侧少年宫、两馆及西侧的图书馆和音乐厅，将城市空间整合为一个有机整体。

　　文化综合体的打造。建筑以书为核心功能空间，创造亚洲最大规模的书店，在其四周环绕配套商业，包括零售、餐饮、教育培训、影视娱乐等，形成功能完备的文化综合体。

　　公共性场所的营造。建筑室外的屋顶平台、室外连廊、室外广场及室内的大台阶、中庭空间、展览空间等为建筑创造了非常丰富的公共性场所，形成以市民文化休闲娱乐活动为主题的城市文化客厅。

　　可持续性设计。建筑的屋顶平台设置大面积绿化改善建筑微生态环境，减少传递到室内的热量，首层骑楼有一定的遮阳作用，阅读中庭空间局部采用自然采光的方式，室内以"天圆地方"的概念分别在南区和北区引入方形和圆形的室外庭院，给室内带来绿色自然的室内外一体环境，带来自然采光和通风。综上系列的被动式设计方式提高了建筑的可持续性，减少建筑的能耗使用。

十年前竣工实景照

使用十年后实景照

使用后评估（POE）报告

一、结论

深圳中心书城运营使用后中达到其设计意图和社会效益，很成功地整合了城市公共空间，创造出非常具有活力的公共性场所。2006 ~ 2018 年间，建筑运营状态和效益不断提升，后续发展过程也会根据市场和社会需求的变化而优化其业态，对室内环境进行更新改造，但其核心功能和原来一致。

二、使用后评估成果之循证设计模式

模式 1 城市设计中建筑与城市关系模式

1. 原型实例：深圳书城位于城市文化中心，在城市设计的层面处理建筑与城市之间的关系（图 1）。

2. 相关说明：作为城市文化和行政中心的建筑之一，建筑的设计不仅仅要处理好内部的功能和空间关系，更重要的在于处理其和城市周边的其他建筑及景观环境之间的关系。

3. 应对的问题

建筑设计过程中应该如何应对周边的城市环境，包括城市中的建筑，交通及景观，等等。单体建筑作为城市系统的一个部分，应该从哪些方面入手，有机地整合到城市大环境中去。

4. 问题的解决方案

书城一开始便从城市整体环境入手来设计其自身的形态，在城市整体空间结构中找到其定位和存在形式。基于此考虑，将其设置在文化中心的南北中心轴线上，成为联系南部市民广场和北部莲花山的公共空间，同时也是东西轴线方向的联系纽带，联系起东侧的少年宫、两馆及西侧的图书馆与音乐厅，形成丰富的室外活动空间（图 2 ~ 图 4）。

5. 使用反馈

从调研问卷中获悉管理人员和读者对建筑公共空间如屋顶平台的品质评价较高（如图 5 ~ 图 8）。对参观者进行访谈获悉：建筑屋顶平台气势开阔，环境优美，方便市民从市民广场步行到莲花山，人气的旺盛和休闲环境是读者或参观者印象最为深刻的地方，也能够在大平台上平均逗留 1~2 小时。另外，参观者也表示对西侧室广场庭院经常有各种音乐演出、美术展览活动，让他们体验到城市的文化活力（图 9、图 10）。

6. 该模式原型实例所体现出的相关理论

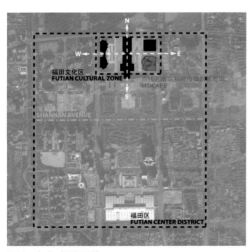

图 1 中心书城区位

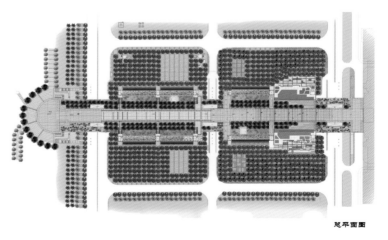

图 2 中心书城总平面设计

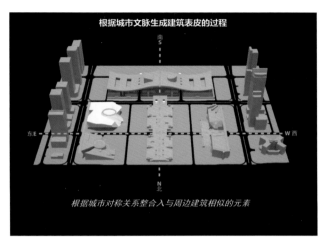

图 3 中心书城城市设计

图 4 中心书城模型

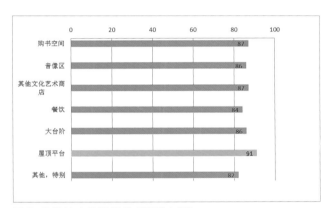

图 5 建筑综合品质评价（管理人员）

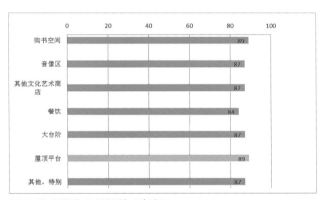

图 6 建筑综合品质评价（读者）

图 7 屋顶平台（往莲花山看）

图 8 屋顶平台（往市民广场看）

共生理论。"共生理论"由日本建筑师黑川纪章提出。黑川纪章将其共生思想概括成几个基本组成部分：异质文化的共生、人类与技术的调和、部分与整体的统一，内与外的交融、历史与现代的共存、自然与建筑的连续。黑川将所有的建筑元素都看作是相互间能够产生意义和气氛的词汇或符号。建筑与城市的关系就是一种部分与

图 9 室外广场休闲活动

图 10 室外广场活音乐活动

图 11 方形庭院

图 12 圆形庭院

整体的关系，充分体现在该建筑中。另外，建筑内部设置一个方形和圆形的庭院（图 11、图 12），也是寓意中国传统"天圆地方"的思想理念，这是一种传统与现代文化的共生，也是建筑和自然、人类和技术之间的一种共生。

模式 2 建筑内部功能空间模式

1. 原型实例：深圳书城作为文化综合体，要整合内部书业、零售商业、餐饮服务、展览及交通等方面的空间，处理好分区和流线关系。

2. 相关说明：单层建筑面积巨大的公共建筑，需要整合不同的业态功能，同时处理好交通流线及防火疏散等方面问题。

3. 应对的问题：大空间大面积建筑设计如何组织内部的功能流线，并将建筑内部和外部自然融合为整体。

4. 问题的解决方案

策略一：沿南北轴线设置通高中庭空间，为书业功能空间、商业和餐饮在中庭的外围（图 13）；

策略二：在二层设置过街楼，将南北体量联系起来，同时也是建筑室内通往屋顶平台的枢纽空间，在功能方面也具有机动性，既可以作展览也可作为商业空间（图 14）。

策略三：建筑外围设置骑楼连廊，形成半室外的过渡空间，将室外和室内空间有机整合；

策略四：南区和北区在过街楼的位置设置大台阶，成为联系一层和二层之间的交通空间，同时更重要的是提供一个读者阅读、交流、休息或者公共信息发布的平台。

5. 使用反馈

调研问卷结果显示：管理人员和读者对购书空间、音像区、其他文化艺术书店、室内大台阶都比较满意（图15、图16）。访谈过程获悉，读者对于大台阶空间非常喜欢，家长经常在节假日带孩子过来听讲座，而年轻人也聚到这个地方交流休闲或听专家讲座，等等。建筑设计团队讲述最初设计就是为了营造一个人们阅读、交流和休闲的空间，而大台阶在现实中也成了聚集人气的活力场所，人们在这能够感受到身心的愉快及读书的乐趣，这正是设计师原本在设计时心中的图景（图17、图18）。

6. 该模式原型实例所体现出的相关理论

场所理论。场所理论由挪威建筑理论家舒尔茨提出。他以现象学为根本的理论核心：剖开表面，回归事物的

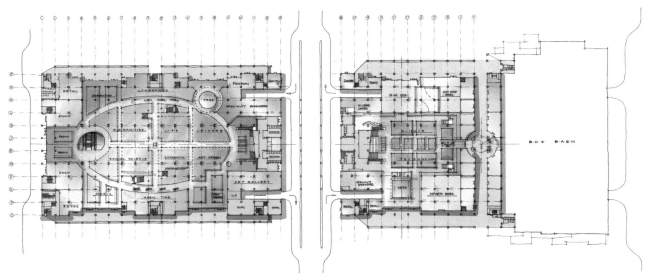

图 13 一层平面图

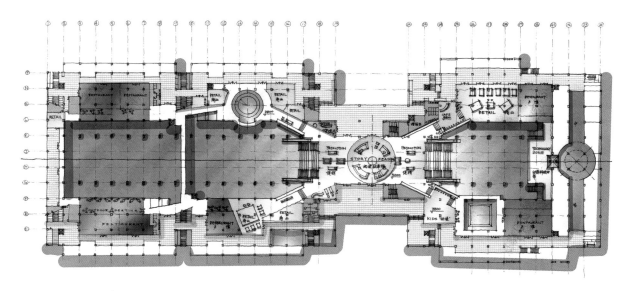

图 14 二层平面图（夹层）

根本,直接观照为思考的基础,发展成为建筑现象学。场所并非单纯地点或空间的统称,而是由具有物质的本质、形态、质感及颜色等组成的整体。场所并不是物质上的空间概念,也包含了时间、空间、人、感情等诸多因素。舒尔茨提出"存在空间"的观点,这一概念包括"空间"和"特性"两个方面,与之对应的场所精神包含了"方向感""认同感"两个方面。方向感主要是空间性的,使用者能够感知自己所在的方位,有一种安全感,同时也能便捷到达自己想要去的地方;认同感则和客观文化及环境有关,它通过把握自己在其中生存的文化和环境,获得一种归属感。书城设计营造的不仅仅是具有辨识性的中庭空间和大台阶空间,也是营造一种公共的场所,聚集着人们的社交、学习、休闲活动及舒适快乐的体验情绪。从问卷及实地调研的结果来看,书城确实能够成功营造这样极其富有活力的场所精神。

模式3 建筑物理环境模式

1. 原型实例:深圳中心书城营造良好建筑物理环境的可持续性策略。

2. 相关说明:作为大型文化公共空间,需要营造舒适的声、光、风、温度等物理环境,减少能源的消耗。

3. 应对的问题:如何创造符合人体舒适的温度,充足的光线,舒适的空气及没有噪声的读书阅览空间?如何在不借助机械系统的条件下,从设计角度更好实现建筑的隔热、自然通风、自然采光?

4. 问题的解决方案

策略一:建筑内部置入自然庭院,将自然光和绿色景观渗透到室内空间,同时也更好地实现自然通风。

策略二:建筑设置景观屋顶平台和半开敞骑楼,能够一定程度上遮阳和隔热(图19、图20);

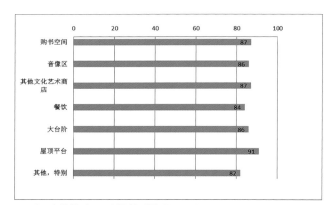

图15 建筑综合品质评价(管理人员)

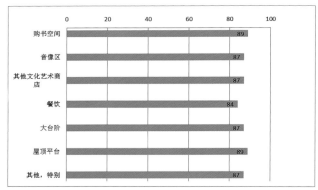

图16 建筑综合品质评价(读者)

图17 北区大台阶

图18 南区大台阶

策略三：建筑屋顶平台设置玻璃天窗，给室内中庭空间带来自然采光（图21）。

5. 使用反馈

从调研问卷中获悉：管理人员对内部的照明、音响、温度及气味不满意，但读者对建筑内部的综合环境品质（包括照明、音响、温度、气味等）较满意（图22、图23），对环境的愉悦性较满意。从访谈中获悉，读者在中庭局部有天光照射的环境下阅读效率高，眼睛不容易疲劳，能有更加愉悦的体验。而庭院更能给建筑内部带来自然的感受。

6. 该模式原型实例所体现出的相关理论

可持续性设计理论。可持续发展是这样一种发展，它既要满足当代人的需要，又要不损害后人满足其自身需要的能力。而可持续性设计涉及在设计过程中满足建筑需求的同时，减少对资源和能源的使用，减少对环境的破坏。其中被动式设计策略强调在不使用机械设备的条件下，更好地实现建筑自然通风、自然采光，减少对能源资源的消耗，同时创造出舒适的物理环境。

三、使用后评估成果之可持续使用改进建议

1. 在读者区域设置阅读专区和休息座椅

通过问卷调研、实地调查发现，许多读者都是坐在书城地板上看书，没有阅读专区和休息座椅区，这样

图19 屋顶景观

图20 骑楼连廊

图21 天窗采光

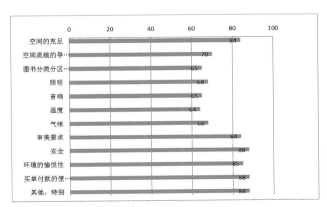
图22 售书区域品质评价

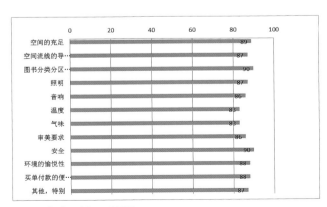
图23 售书区域品质评价

图 24 读者阅读场景（中心书城）

图 25 读者休闲区（壹方城不见书店）

图 26 广州太古汇方所书店咖啡厅

阅读起来很吃力，尤其是对中老年人来说更不便（图24）。所以建议在中庭书业区的局部地方如天窗下部设置阅读和休息座椅区（图25）。

2. 更新室内环境设计，提升美学及文化气质

通过问卷调研，实地调查发现室内环境设计风格陈旧，建议进行室内更新改造。在顶棚、地板和墙面等地方重新植入现代感的设计，且营造富有书香文化气息的室内氛围。另外，也有助于优化内部各不同类别书籍的分区和指引体系，提供更多便利和人性化的服务。再次，创造更好的声、光、温度、通风等物理环境。综上，让读者和市民对这片文化综合体的灵魂之地有更强烈的归属感。

3. 在图书区域设置水吧区

调研问卷中许多读者反映读书区域没有水喝，建议设置专门的小水吧或者小型咖啡区域，提供更便利的读书服务，同时也创造一定的商业价值（图26）。

四、使用后评估回述

本项目建成伊始，在初次评优中，经过建筑回访（接近陈述式后评估），对当初设计理念的贯彻得出了反馈研判，初步实现了反馈客户的后评估短期价值。本次后评估，明确以调查式的层次进行（包括回顾、计划、调研、分析、总结等工作阶段），并与之前的回访资料比对。证实了相关设计理念在经历多年使用考验后，仍对民众生活和建筑学具有贡献意义，并以"循证设计模式"梳理，为同类建筑设计资料库、设计标准和指导规范的更新提供一手资料。同时，梳理"可持续使用改进建议"，以促进建筑性能的持续提高和改善，延长建筑生命周期。因此，本次调查式后评估与竣工后初次评优的建筑回访关联、比对，共同实现了后评估的中、长期价值。

对使用后评估（POE）报告的点评

后评估点评专家　陈晓唐博士

　　深圳书城是由国际著名建筑师黑川纪章领衔担任主创设计师设计，已建成十余年并屡获重要设计奖与优秀工程奖的深圳市标志性公共建筑。对于这样一座建筑开展使用后评估调研，具有重要意义。通过使用后评估，证实该建筑在使用十余年后仍然保持着良好的使用状态，仍然按照初始的建筑策划及设计运行；其中使用者对于处理建筑与城市关系所营造出的丰富室外活动空间有充分的认同感；对于书城内部各功能空间也表示赞赏与肯定，尤其室内大台阶已成为深圳人参与公益文化活动重要场所；对于书城内部庭院、屋顶天窗所营造的内部物理环境，也都表示充分的认可。这些都是令人欣慰的结论。同时，使用后评估也发现，随着使用需求的日益增长，也难免存在若干瑕疵与不足之处。例如书城的室内环境、休息座椅及饮水提供，尚存在不足及不够人性化等欠缺，值得设计者注意并采取措施加以改善。此次的评估报告结论部分提及了后续的更新改造，若能在改进建议部分更系统地分析相关改造必要性，则会使本次后评估更具实效性。

深圳市仙湖植物园

设计单位：北京林业大学

合作单位：北京林业大学园林规划建筑设计院深圳分院、
深圳市北林苑景观及建筑规划设计设计院有
限公司

主创设计师：孟兆祯

设计团队：孙筱祥　白日新　黄金锜　杨赉丽　何昉
梁伊任　梁永基　曹礼昆　唐学山等

后评估团队：何昉　杨义标　夏媛　谢锐星
洪琳燕　锁秀　谢晓蓉　宋政贤

工程地点：深圳市罗湖区东郊

设计时间：1983 ~ 2005 年

竣工时间：1986 年、1995 年、2001 年

用地面积：2004 版总规面积 5.53km²，2014 版总规
面积 6.76km²

奖项荣誉：

建设部优秀设计三等奖

广东省岭南特色规划与建筑设计金奖

深圳市优秀工程设计一等奖

仙湖植物园位于深圳市罗湖东郊，东倚深圳第一高峰梧桐山，西临深圳水库，是梧桐山国家级风景名胜区的重要组成部分。自 1988 年 5 月 1 日正式对外开放以来，在植物园研究、物种保育、植物科普和园林风景游赏等方面获得市场和业内的一致好评。仙湖植物园的设计按照风景植物园的设想，将仙湖植物园定性为"以风景旅游为主，科研、科普和生产相结合的风景植物园"，园区布局不完全受植物进化和分类的约束，而是根据地带性植物条件，以植物材料为分区内容，构成景区划分的骨架，因地制宜地赋予景区有传统意味的新名称，从原本无湖的场地通过山涧溪流营造出群山环抱的"仙湖"，一举奠定植物园内山水景观格局。

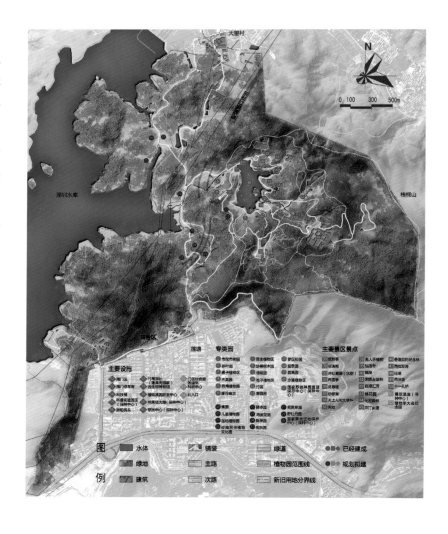

2003 年仙湖植物园全景（陈卫国摄）

2012 年仙湖植物园全景（罗小勇摄）

2018 年仙湖植物园全景（罗小勇摄）

使用后评估（POE）报告

一、结论

通过使用后评估确认了深圳仙湖植物园在使用十年后仍保持者良好的使用状态，仍按照初始的项目策划及设计运行。

二、使用后评估成果之循证设计模式

模式 1 迁地化石园与所处环境的塑造融合模式

1. 原型实例：深圳仙湖植物园化石林（图1）。

2. 相关说明：迁地化石园的设计不仅涉及外迁来化石本身的规划布局，还关系着所处专类园的特色和植物园的整体风格塑造。

3. 应对的问题：化石是研究植物演化、环境变迁及气候变化的重要载体。仙湖植物园中化石林属于迁地化石园，这里的气候、地貌与其原产地相差甚远。化石森林的规划设计要立足植物园的环境，如何好处理迁地化石园与周边环境的关系。若要创造出原产地的环境气氛，在基地面积不足 2hm² 的地方显然不可能（图2）。

4. 问题的解决方案：迁地化石园的设计既要关注化石森林的布局和设计，也要关注整体环境的塑造。仙湖植物园化石林的设计提出了三种与化石的质感协调的地面肌理：草地、砾石、岩石加岩生植物，三者交替出现，作为化石的载体，将会使景观变得丰富（图3～图5）。具体思路：底层是三种肌理，即草地、砾石、岩石加岩生植物，不追求不同肌理间的过渡，而是强调它们各自的区域。第二层是岩石和水。岩石一直延伸到园林中，

图1

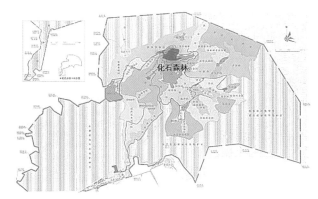

图 2

图 3

图 4

图 5

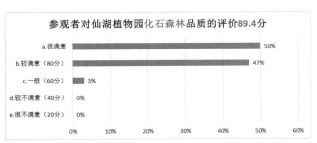

图 6

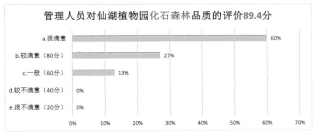

图 7

从大到小，由密到疏，仿佛自然山体岩石崩落经过日积月累而形成的景观；蜿蜒在岩石缝隙中间的是一条清澈的小溪，顺地形曲折而下，汇至低处的一个小水面。第三层是道路和场地，将其与草地、砾石、岩石及水面穿插起来，引导游人在底面为不同材质的空间中穿行，丰富感官体验。第四层是木化石，化石森林的主体景观。第五层是植物层。种植少量的乔木作为与化石的对比和周边环境的延续。

　　5. 使用反馈：使用后评估问卷统计验证了绝大部分使用者对化石森林的品质评价较高（图6、图7）。从

对使用者进行的访谈中获悉：化石森林的环境基地营造给参观者留下深刻的印象。局部而言，化石三五成组，高低错落，富有自然情趣。从全园来说，它们的分布基本是均匀的，将不同地面肌理统一起来，统治了上部空间，形成真正的"化石森林"。

模式 2 植物专类园的空间意境营造模式

　　1. 原型实例：仙湖植物园罗汉松园（图8）。

　　2. 相关说明：作为仙湖植物园中的植物专类园，其

图 8 （深圳文科园林股份有限公司提供）

目的除了展示植物品种、对游客科普植物相关知识之外，罗汉松作为寓意性和文化性很强的树种，更应在景观营造的过程中，突出其所带来的文化特性。

3. 应对的问题：罗汉松作为一种观赏性和文化性很强的树种，如何在向游客输送植物相关知识的同时，于无形中将罗汉松所代表和承载的中国传统文化和寓意在植物园中自然地表达出来？如何与其他植物搭配衬托出与罗汉松相符合的空间氛围？对于这些问题该采取哪些设计手法？这些都是需要在景观设计当中解决的问题。植物园中其他种类的植物专类园可能着重表达的是某一个科或者某一植物种类及其变种的科普展示，传统意境的营造不会像罗汉松园那么强烈，这也是罗汉松园区别于其他专类园的主要不同之处（图 9）。

4. 问题的解决方案：以罗汉松为主景植物，来打造具有传统意境的园林，所以在规划设计中提出了以"松影禅境"为主题，通过松、竹、石的园林要素，将"仁、

图 9

图10 （深圳文科园林股份有限公司提供）

图11 （深圳文科园林股份有限公司提供）

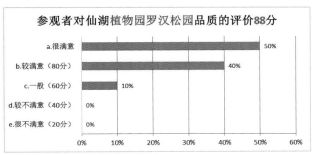

图12

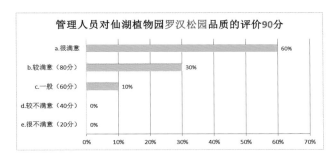

图13

义、礼、智、信、悟"等哲理寓意赋予景点，突出素、雅、秀的园林意境。

松影——意：松可常青，树形易于修剪，故经常种植于禅意园林之中，成为宗教文化的重要组成部分。近赏其形，远赏其影，以秀美松影诠释其禅宗文化——仁、义、理、智、信、悟。

形：罗汉松种子形似"罗汉"，象征长寿、守财，寓意吉祥。

禅境——意：与弘法寺的呼应关系。远，可以松树秀枝间空隙形成框景，远眺弘法寺并聆听寺庙钟声；近，可体会身边禅宗园林意境，往弘法寺去可静心，自弘法寺归可悟禅，是静心之地，禅境之园。形：罗汉松、秀美景石、潺潺溪流、印刻铭文与经文的竹简、禅宗惯用的五树六花、素雅的翠竹以不同的组合，形成幽、素雅、俊秀的禅意境界。

设计构思"一花一世界，一叶一菩提"，巧妙地利用自然谷地，以枝叶秀雅的罗汉松为信物，组织游览路线，雕琢精巧婉转的小山水空间，营造宁静、古朴的禅意场所。

园林主要设计方法如下（图10、图11）：

1）植物以罗汉松、翠竹为主要树种，利用罗汉松深厚的文化底蕴和多种造型，通过与石材的结合，展示静谧、祥和、宁静的植物空间。

2）园内以常绿植物为主，搭配少量显示季相的开花和色叶植物。

3）植物色彩以素雅简朴为主，绿色为主基调，偶尔点染姹紫嫣红。

4）对造型优美、规格大的罗汉松进行重点点植，布置于重要的景观节点处。

5）营造聚散自如、收放有度的植物空间，满足游人的观赏和静思。

6）配置五树六花，如莲花、文殊兰、鸡蛋花、佛肚竹等，共同营造禅意境界的心灵休闲场所。

5.使用反馈：使用后评估问卷统计验证了绝大部分使用者对罗汉松园的环境品质评价较高，如图12、图13所示。从对参观者进行的访谈中了解：罗汉松植物园的整体意境营造给人以静谧、安静、禅意的感觉。相比较于其他专类园的打造方式，游览者更加欣赏罗汉松和其他植物和园林要素相互搭配所营造出来的意境和氛围，这是一种无形的东西，只能靠游园者自身去体会。这是罗汉松这种植物相较于其他园林植物比较突出的特点之一，罗汉松园的设计也正是深层次地利用了这一点，并对其进行了深入的挖掘。

6.该模式原型实例所体现出的相关理论：中国传统园林"相地"与"借景"理法。在中国传统园林营造理法中，相地是必备条件，借景则是核心理法。正是借景理法，可以将一个实体园子以"借""藉"的理法扩大到更大的时空当中，使园子以有限之景蕴不尽之意，进而扩展到无尽的宇宙观想。园林相地既有使用功能的需求，也有审美内涵，是园林借景的基础。文震亨在《长物志·室庐》篇中对于园林选址写道："居山水间者为上，村居次之，

郊居又次之"，以此来表达选址对于园林景观的重要性。相地可以说是山水环境与人工建设、满足居住和游乐的综合权衡。而中国传统园林的"借景"理法则最先出现在计成的《园冶》当中，"园虽别内外，得景则不分远近，晴峦耸秀，绀宇凌空；极目所致，俗则屏之，嘉则收之，不分町疃，尽为烟景"正体现出借景在园林艺术当中的运用。而在借景的内容当中，可借山、借水、借植物等自然景物；可借人为景物，如渔舟唱晚、枫桥夜泊；可借天文气象为景物，如日落、风雪。除了这些可见的景色之外，还可借声音来充实借景内容，如晨钟暮鼓、鸟唱蝉鸣、鸡啼犬吠、松海涛声、残荷夜雨，等等。罗汉松园在选址与设计当中正是运用了这些传统的造园理法，打造出令人称赞的美景（图14）。

模式3 爵床科植物在园林中应用方式

1.原型实例：仙湖植物园的荫生区、药用植物区、引种区等。

图14 （深圳文科园林股份有限公司提供）

2. 相关说明：作为一座集植物科学研究、物种迁地保存与展示、植物文化休闲以及生产应用示范等功能于一体的风景园林植物园，大量爵床科植物的应用在丰富景观、保持水体、稳定植物群落方面有重要作用。

3. 应对的问题：在仙湖植物园植物景观配置中，除了各个特色化的专类植物园，其余如建筑物及构筑物周边、园路路牙边等细小的空间，如何用一种合适的植物配置，营造良好的景观环境同时还能兼顾功能、社会功能和经济功能，促进园区持续健康发展。

4. 问题的解决方案：爵床科植物凭借其独特的形态

特征、生态生物学特性及其观赏特性，为仙湖植物园构造出不同的景观，主要造景应用方式有花境、花丛、花群、花台、基础种植及垂直绿化等。花境是以树丛、树群、绿篱、矮墙或建筑物为背景的（拟）带状自然式花卉布置，主要表现花卉丰富的形态、色彩、高度、质地及季相变化之美，其中色彩为主要元素。花丛及花群布置在登山道两边，能缓解游人的旅途疲劳，给人以欢欣之感；如布置在自然曲线型道路的转折点，又使人产生步移景换的感觉。花台结合地形，同时搭配一些彩叶类植物，强化了园林美学的法则与韵律，大大地提升花台周围的

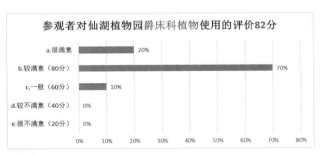

图 15

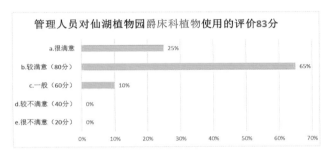

图 16

图 17 保护前风化严重

图 18 防侵蚀保护

风景美感和观赏质量。建筑物及构筑物基础周围种植既起到缓冲墙基、墙角与地面之间生硬线条的作用，也使司机对界定范围的视野更清晰；雕像基座栽植再配置一些山石，可以软化构筑线条，增加生气，加强色彩对比，从而起到烘托主题、渲染气氛的作用，提高景观效果。垂直绿化不仅可以装点枯燥、僵硬的墙体，还可以起到保温、降温及增加空气湿度的作用。

5. 使用反馈：通过使用后评估问卷统计验证了绝大部分使用者对爵床科植物使用的品质评价较高（图15、图16）。从对参观者的访谈中获悉：仙湖植物园的植物景观配置让人印象深刻，植物层次丰富，林下地被植物的种植也有独具创新的地方。

三、使用后评估成果之可持续使用改进建议

1. 采取多样的人工措施，应对化石森林的自然风化

在仙湖植物园化石林使用后评估探询到：化石森林中由于长期裸露在外，在木化石的缝隙中容易积累尘土，加上深圳温暖湿润的气候，容易在缝隙生长出植物，加速化石的风化（图17）。随着化石森林置于室外的时间越来越长久，自然风化的现象不可避免。可以借助一些人工措施，如清洗、打蜡等方式，定期对木化石进行"清理"，增强化石防风化、防侵蚀等，减缓化石森林的老化过程（图18）。

图 19 驳岸单一缺水生植物（深圳文科园林股份有限公司提供）

2. 加强对罗汉松园生态驳岸改造，强化整体空间氛围营造

通过罗汉松植物园使用后评估了解到，整体空间氛围以及景观特色让人印象深刻，但是水系的驳岸比较生硬，不够生态，从而对水质产生了一定的影响。可以对园内的水系驳岸进行适度改造，增加滨水植物，在水岸边营造出生态多样性的滨水生境，利于各种不同生物栖息，同时还可以起到净化水质的作用，有助于提高整个水生态景观。还可以局部增加一些亲水的场地，为游客提供不同的景观体验（图19、图20）。

3. 加强爵床科乡土植物的驯化，利用丰富园林植物的种类

在仙湖植物园实地访谈使用后评估中探询到：仙湖植物园所应用的爵床科植物明显是外来种类居多，而对乡土野生种类却少见驯化利用。考虑到仙湖植园景观的营造，对爵床科植物将会大量的运营，从经济性和园区可持续发展角度，应加强对本土植物的驯化和利用（图21）。爵床科植物在我国有300余种，多产于长江以南各省区，以云南种类最多，四川、贵州、广东、广西、海南和台湾等地也较为丰富。深圳仙湖

图20 丰富岸线营造滨水生境（深圳文科园林股份有限公司提供）

图 21 水土植物的驯化和利用

植物园位于亚热带南缘，这些种类大部分均比较适合在此区域栽培，选取马蓝、九头狮子草等大量乡土种类的种植，加强乡土植物在园林景观上的应用，丰富仙湖植物园园林植物的种类。

四、使用后评估回述

本项目建成伊始，在初次评优中，经过建筑回访（接近陈述式后评估），对当初设计理念的贯彻得出了反馈研判，初步实现了反馈客户的后评估短期价值。本次后评估，明确以调查式的层次进行（包括回顾、计划、调研、分析、总结等工作阶段），并与之前的回访资料比对。证实了相关设计理念在经历多年使用考验后，仍对民众生活和建筑学具有贡献意义，并以"循证设计模式"梳理，为同类建筑设计资料库、设计标准和指导规范的更新提供一手资料。同时，梳理"可持续使用改进建议"，以促进建筑性能的持续提高和改善，延长建筑生命周期。因此，本次调查式后评估与竣工后初次评优的建筑回访关联、比对，共同实现了后评估的中、长期价值。

对使用后评估（POE）报告的点评

后评估点评专家　陈晓唐博士

　　深圳仙湖植物园是由北京林业大学园林规划建筑设计院深圳分院、深圳市北林苑景观及建筑规划设计院有限公司分期设计，建成十余年并屡获重要设计奖与优秀工程奖的深圳市标志性公共园林设施。对这样一座园林设施开展使用后评估本身就扩大了使用后评估的实践领域，具有挑战性。通过使用后评估，证实该园林设施在全部建成使用十余年后仍然保持着良好的使用状态，仍然按照初始的园林策划及设计运行；其中使用者对于迁地化石林与所处环境的融合有充分的认同感；对于罗汉松园整体意境营造策略也表示赞赏与肯定；对于爵床科植物在仙湖植物园大量而形态丰富的运用，也都表示充分的认可。这些都是令人欣慰的结论。同时，使用后评估也发现仙湖植物园长期使用中，存在若干瑕疵与不足之处。例如化石林、水系驳岸及乡土类爵床科植物，尚存在自然风化、不够生态及不够丰富等欠缺，值得设计者注意并采取措施加以改善。近两年，"天鸽""山竹"台风对深圳的景观园林造成了较大破坏。此次的后评估报告，若能调研、总结相关台风影响及抗风措施则更佳。

附录

2018 年度深圳建筑 10 年奖 公共建筑后评估获奖名单

序号	竣工时间	项目名称	设计单位名称	设计者		后评估负责人	奖项等级
1	1986 年	南海酒店	深圳华森建筑与工程设计顾问有限公司	陈世民 刘振印 胥正祥 朱　婷	都焕文 邵隆昭 李雪佩	肖　蓝	1986 年度城乡建设优秀设计优质工程三等奖
2	1988 年	深圳大学演会中心	深圳大学建筑设计研究院有限公司	梁鸿文 黄志刚 王志杰 葛俊卿 陈崇廉	雷美琴 区子庆 祁杰佳 冯　铭	雷美琴	1989 年获深圳市优秀工程勘察设计一等奖 1991 年城乡建设系统部级优秀设计二等奖 1993 年度中国建筑学会建筑创作奖
3	1997 年	深圳五洲宾馆	深圳大学建筑设计研究院有限公司	黎　宁 曹　卓 程　权 雷美琴 陈宋良 孟祖华 谢　蓉 温亦兵 唐　进	张道真 邓德生 姚小玲 傅学怡 王建俊 连建社 武迎建 郑艰超	黎　宁	1999 年获广东省优秀工程设计二等奖 1998 年深圳市优秀设计二等奖
4	1998 年	深圳发展银行大厦	香港华艺设计顾问（深圳）有限公司 澳大利亚PEDDLE THORP建筑师事务所方案合作设计	陈世民 梁增钿 潘玉琨 王　恺 韩　琳	林　毅 吴国林 王晓云 刘连景	林　毅 孙　剑	1998 年深圳市第八届优秀工程设计奖（建筑设计）二等奖 1996～1998 年度中国建筑优秀工程设计奖一等奖 1999 年广东省第九次优秀工程设计奖（工业与民用建筑）二等奖 中国建筑学会（1949～2009 年）建筑创作大奖 深圳市 30 年 30 个特色建设项目

续表

序号	竣工时间	项目名称	设计单位名称	设计者	后评估负责人	奖项等级
5	1998 年	深圳特区报业大厦	深圳大学建筑设计研究院有限公司	龚维敏　卢　旸 傅学怡　刘文镔 孟祖华　连建社 温亦兵　赵　阳 武迎建　柳柏玲 陈宗良　朱顺发 王建俊　黄　姝 夏春梅	卢　旸	1999 年获新中国成立五十周年广东十大标志性工程 2000 年获深圳市优秀工程设计金牛奖 2001 年获广东省优秀工程设计一等奖 2002 年获建设部优秀设计三等奖 2003 年获优秀建筑结构设计一等奖 2010 年获"深圳市 30 年 30 个特色建设项目"表彰
6	2000 年	深圳赛格广场	香港华艺设计顾问（深圳）有限公司	陈世民　林　毅 梁增钿　吴国林 雷世杰　刘连景 杨　杰　吴志清 王兴法　汪　洋	林　毅 孙　剑	1996 年中国建筑优秀方案设计奖 一等奖 "超高层钢管混凝土结构综合技术"获 2000 年度国家科技进步奖二等奖 2002 年深圳市第十届优秀工程设计奖二等奖 2003 年广东省第十一次优秀工程设计奖二等奖 2003 年度部级优秀勘察设计奖三等奖 2005 年第四届中国建筑学会优秀建筑结构设计奖一等奖 中国建筑学会建筑（1949～2009 年）创作大奖 2010 年深圳市 30 年 30 个特色建设项目
7	2001 年	深圳招商银行大厦（原名：深圳世贸中心大厦）	深圳市建筑设计研究总院有限公司	吴适时　董师标 涂宇红　吴宏雄 王启文　邓小一 何佳美　蒋征敏 李名仪　李　晖 戴　勇　黄冠佳	涂宇红 陈邦贤	2004 年获深圳市第十一届优秀工程勘察设计一等奖 2005 年获广东省第十二届优秀工程设计二等奖 2005 年获部级优秀勘察设计二等奖 2009 年获中国建筑学会建筑创作大奖

续表

序号	竣工时间	项目名称	设计单位名称	设计者	后评估负责人	奖项等级
8	2001 年	深圳市中心医院	深圳华森建筑与工程设计顾问有限公司	赵树兰　汪　清 李达欣　张云彬 何伟军　葛淦洪 张建忠　蔡敬琅 宣仲国　张大明 陈雨熙　欧阳嘉	肖　蓝	广东省第十次优秀工程设计二等奖（2001 年广东省建设厅） 2001 年度部级优秀勘察设计三等奖（2002 年中华人民共和国建设部）
9	2003 年	深圳创维数字研究中心	香港华艺设计顾问（深圳）有限公司	林　毅　蔡　明 钱伯霖　陈文秀 过　泓　王　恺 李雪松　刘连景 吴志清	林孙毅剑	1998～2000 年度中国建筑优秀方案设计奖一等奖 2001～2002 年度中国建筑优秀工程设计奖一等奖 2004 年深圳市第十一届优秀工程设计奖（公共建筑）二等奖 2004 年度全国优质工程奖银质奖 2005 年广东省第十二次优秀工程设计奖二等奖 2005 年度建设部优秀建筑设计奖三等奖
10	2002 年	深港产学研基地	奥意建筑工程设计有限公司	赵嗣明　黄　舸 李荣敬　魏　捷 林家骏　向焕超 刘千里　孔德政 黄　昕　张庆伟 张　涛	宁　琳	广东省第十二次优秀工程设计二等奖 深圳市第十一届优秀工程勘察设计和优秀规划设计二等奖 中国建筑学会 2005 年中国工业建筑设计优秀奖 信息产业部电子工业优秀勘察设计二等奖
11	2003 年	深圳市民中心	深圳市建筑设计研究总院有限公司	王启文　涂宇红 冯　春　陈孝堂 周　原　林　涛 邓小一　吴大农 岳红文　凌　霞 罗　兴　黄文俊 樊　勇　徐以时 周建戎	陈邦贤 涂宇红	2006 年获深圳市规划局优秀规划设计三等奖 2008 年获深圳市优秀工程勘察设计二等奖 2009 年获广东省优秀工程勘察设计二等奖 2009 年获中国建筑学会建筑创作奖入围奖

续表

序号	竣工时间	项目名称	设计单位名称	设计者		后评估负责人	奖项等级
12	2003 年	深圳华润中心一期（万象城）	广东省建筑设计研究院合作：美国RTKL 设计公司	江　刚 吴象峰 刘　嵘 金　钊 林洪思 沈少跃 叶志良 龙国兵	陈朝阳 彭　庆 莫文杰 王业纲 罗　弘 浦　至 苏恒强	吴彦斌 许岳松	2005 年度建设部优秀勘察设计二等奖 2005 年广东省第十二次优秀工程设计一等奖
13	2003 年	深圳文化中心	北建院建筑设计（深圳）有限公司	朱小地 洪　柏 谭耀辉 莫沛锵 王立新 章利君 张瑞松 苏艳辉	蔡　克 刘晓征 王小用 侯　郁 张树为 王　权 黄　河	黄　河 陈晓唐	2008 年北京市建筑设计研究院年度优秀工程一等奖 2009 年北京市第十四届优秀工程设计一等奖 2009 年度全国优秀工程勘察设计行业奖建筑工程一等奖 2015 年第十四届全国优秀工程勘察设计银奖
14	2005 年	深圳安联大厦	香港华艺设计顾问（深圳）有限公司合作：王董国际有限公司	盛　烨 王兴法 何美仪 雷世杰 龚　莹 王盛宝 陈　怡 李瑞芳	刘汝涛 凌立信 李雪松 梁莉军 吴志清 彭　鸣 李　薇 杨启宏	林　毅 孙　剑	美国建筑师学会香港分会 2005 年度设计奖 2005 ~ 2006 年度中国建筑优秀工程设计奖一等奖 2007 年深圳市第十二届优秀勘察设计奖（建筑设计）二等奖 2007 年度广东省优秀工程设计奖二等奖 2007 年第五届中国建筑学会优秀建筑结构设计奖三等奖 2007 ~ 2008 年度中国建筑优秀勘察设计奖（建筑结构）二等奖

续表

序号	竣工时间	项目名称	设计单位名称	设计者	后评估负责人	奖项等级
15	2008年	深圳福田图书馆	香港华艺设计顾问（深圳）有限公司	罗　涛　陆　强 周戈钧　过　泓 刘连景　李雪松 王　恺　吴志清 陈石海	林　毅 孙　剑	2001～2002年度中国建筑优秀方案设计奖三等奖 2009年深圳市第十三届优秀工程勘察设计（公共建筑）二等奖 2009年度广东省优秀工程勘察设计工程设计三等奖 2009年度全国优秀工程勘察设计建筑工程三等奖 2007～2008年度中国建筑优秀勘察设计（建筑工程）一等奖
16	2007年	深圳新世界商务中心	北建院建筑设计（深圳）有限公司	陈怡姝　马自强 莫沛锵　时　刚 蒋德忠　毛向民 孙小红　蔡　克 蔡志涛　苏艳辉 许雪松　姜　延 陈泽斌　王伟华 谢　凯	陈晓唐 马自强	2009年北京市第十四届优秀工程设计一等奖 2009年度全国优秀工程勘察设计行业奖建筑工程二等奖
17	2007年	深圳保利剧院	深圳市华筑工程设计有限公司	Georges　Hung 李长明　张　骐 李海峰　陈　扬 李文林　郑　和 聂志春　刘文锋 李　和　梅　宁 蒋震球　郭　昊 李龙飞　廖华平	李长明	2009年深圳市第十三届优秀工程勘察设计公共建筑一等奖 2009年广东省工程优秀设计一等奖 2010年全国优秀工程勘察设计行业奖三等奖

序号	竣工时间	项目名称	设计单位名称	设计者		后评估负责人	奖项等级
18	2007 年	深港西部通道口岸旅检大楼及单体建筑（深圳湾口岸）	深圳市建筑设计研究总院有限公司	孟建民 许红燕 宁 坤 谢浩文 刘明谦 胡 同 黄孚浩 宋昌林	刘琼祥 丁建南 王 超 邓立平 黄晓林 李敏生 归素川	许红燕	2007 年广东省注册建筑师协会第四次优秀建筑佳作奖 2009 年深圳市第十三届优秀工程勘察设计公共建筑一等奖 2009 年广东省优秀工程设计一等奖 2009 年中国建筑学会建筑创作大奖入围奖 2009 年巨型钢结构－混凝土结构设计优秀建筑结构设计三等奖 2009 年第一届广东省土木工程詹天佑故乡杯 2010 年 2009 年度全国优秀工程勘察设计行业奖建筑工程（中外合作项目）二等奖 2010 年深圳市 30 年 30 个特色建设项目 2012 年广东省科学进步特等奖 2012 年百年百项杰出土木工程
19	2008 年	深圳创意产业园二期 3 号厂房改造（南海意库 3 号楼，招商地产总部）	深圳市清华苑建筑与规划设计研究有限公司	梁鸿文 冯嘉宁 潘北川 左振渊 江 亿 李念中 张 婷	江卫文 曹 珂 贾文文 胡明红 栗德祥 陈晓阳	江卫文	2007 年国际住协绿色建筑奖范例项目 2010 年第三届中国建筑学会暖通空调工程优秀设计一等奖 2013 年香港建筑师学会海峡两岸与香港、澳门建筑设计大奖优异奖 2013 年住建部全国绿色建筑创新奖一等奖
20	2008 年	深圳书城中心城	深圳华森建筑与工程设计顾问有限公司	黑川纪章 王晓东 张良平 陆 洲 周小强 王红朝	肖 蓝 南 晖 叶林青 唐志辉 张立军	肖 蓝	第五届中国建筑学会建筑创作奖佳作奖
21	1988 年	深圳市仙湖植物园	北京林业大学园林规划建筑设计院深圳分院 深圳市北林苑景观及建筑规划设计院 有限公司	孟兆祯 白日新 杨赉丽 梁伊任 曹礼昆	孙筱祥 黄金锜 何 昉 梁永基 唐学山	夏 媛	1993 年住建部优秀工程设计三等奖 2012 年广东省岭南特色规划与建筑设计评优活动岭南特色园林设计奖金奖 1993 年深圳市建设局优秀工程设计一等奖

后评估专家库——专家风采

吴硕贤

职　　务：中国科学院院士
　　　　　华南理工大学建筑学院教授　博士生导师
　　　　　教育部科学技术委员会学部委员

庄惟敏

职　　务：全国工程勘察设计大师　国家一级注册建筑师
　　　　　清华大学建筑学院院长　教授　博士生导师
　　　　　清华大学建筑设计研究院　院长　总建筑师

陈　雄

职　　务：副院长、总建筑师
　　　　　ADG 建筑创作工作室主任
　　　　　全国工程勘察设计大师
职　　称：教授级高级建筑师
执业资格：国家一级注册建筑师
单位名称：广东省建筑设计研究院

林　毅

职　　务：副董事长、总建筑师
　　　　　国务院特殊津贴专家
　　　　　广东省工程勘察设计大师
职　　称：教授级高级建筑师
执业资格：国家一级注册建筑师
单位名称：香港华艺设计顾问（深圳）有限公司

黄　捷

职　　务：董事长、总建筑师
　　　　　广东省工程勘察设计大师
学　　位：建筑设计及其理论博士学位
职　　称：教授级高级建筑师
执业资格：国家一级注册建筑师
　　　　　国家注册城市规划师
单位名称：北建院建筑设计（深圳）
　　　　　有限公司

艾志刚

职　　务：会长
学　　位：博士
职　　称：教授
执业资格：国家一级注册建筑师
单位名称：深圳市注册建筑师协会
　　　　　深圳大学建筑与城市规划学院
　　　　　深圳大学 CA 建筑工作室主持人
　　　　　中国建筑学会建筑师分会理事

主编 张一莉

职　　务：常务副会长兼秘书长 总建筑师
职　　称：高级建筑师
执业资格：国家一级注册建筑师
单位名称：深圳市注册建筑师协会
　　　　　建筑专业委员会

副主编 陈晓唐

职　　务：副总建筑师、主任
学　　位：建筑学博士
职　　称：高级建筑师
单位名称：北建院建筑设计（深圳）有限公司
　　　　　前期策划与后评估研究中心

吴硕贤院士、庄惟敏大师与张一莉主编、陈晓唐副主编合影

沈晓恒

职　　务：副总建筑师
职　　称：高级建筑师
职业资格：国家一级注册建筑师
单位名称：深圳市建筑设计研究总院
　　　　　有限公司

侯　军

职　　务：总院副总建筑师、分院院长
职　　称：教授级高级建筑师
职业资格：国家一级注册建筑师
　　　　　内地与香港互认注册建筑师
单位名称：深圳市建筑设计研究总院
　　　　　有限公司

于天赤

职　　务：总建筑师、总经理、副会长
职　　称：高级建筑师
执业资格：国家一级注册建筑师
单位名称：建学建筑与工程设计所
　　　　　有限公司深圳分公司
　　　　　深圳市绿色建筑协会

庄惟敏大师与参加《建筑策划与后评估》必修课师资培训的广东省专家合影

陈邦贤

职　　务：副会长、院长
职　　称：教授级高级建筑师
执业资格：国家一级注册建筑师
单位名称：深圳市注册建筑师协会
　　　　　深圳市建筑设计研究总院
　　　　　第二设计院

黄　河

职　　务：副总经理、总建筑师、理事
职　　称：教授级高级建筑师
执业资格：国家一级注册建筑师
单位名称：北建院建筑设计（深圳）有限公司

梁鸿文

职　　务：顾问总建筑师
职　　称：教授
执业资格：国家一级注册建筑师
单位名称：深圳市清华苑建筑与规划
　　　　　设计研究有限公司

雷美琴

职　　务：常务副总经理、副总建筑师
职　　称：高级建筑师
职业资格：国家一级注册建筑师
单位名称：深圳市清华苑建筑与规划设计
　　　　　研究有限公司

江卫文

职　　务：副总建筑师
职　　称：高级建筑师
执业资格：国家一级注册建筑师
单位名称：深圳市清华苑建筑与规划设计
　　　　　研究有限公司

黎　宁

职　　务：副总建筑师
职　　称：教授
职业资格：国家一级注册建筑师
单位名称：深圳大学建筑与城市规划学院
　　　　　深圳大学建筑设计研究院有限公司

李长明

职　　务：董事、总建筑师
职　　称：高级建筑师
执业资格：国家一级注册建筑师
单位名称：深圳市华筑工程设计有限公司

卢　旸

职　　务：副总建筑师
职　　称：高级建筑师
单位名称：深圳大学建筑设计研究院有
　　　　　限公司
　　　　　深圳大学GL建筑研究（工作）
　　　　　室合作主持
　　　　　中国建筑学会资深会员

宁　琳

职　　务：执行总建筑师
职　　称：高级工程师
职业资格：国家一级注册建筑师
单位名称：奥意建筑工程设计有限公司

孙　剑

职　　务：执行总建筑师
职　　称：高级建筑师
执业资格：国家一级注册建筑师
单位名称：香港华艺设计顾问（深圳）
　　　　　有限公司

涂宇红

职　　务：总建筑师
职　　称：高级建筑师
执业资格：国家一级注册建筑师
单位名称：深圳市建筑设计研究总院有
　　　　　限公司第二分公司

吴彦斌

职　　务：分院总建筑师
职　　称：高级建筑师
职业资格：国家一级注册建筑师
单位名称：广东省建筑设计研究院
　　　　　深圳分院

肖　蓝

职　　务：执行总建筑师、副总经理
　　　　　副会长、副理事长
职　　称：教授级高级建筑师
执业资格：国家一级注册建筑师
单位名称：华森建筑与工程设计顾问有限公司
　　　　　中国建筑学会建筑师分会
　　　　　深圳市注册建筑师协会

夏　媛

职　　务：执行院长、总景观建筑师
职　　称：教授级高级工程师
单位名称：深圳媚道风景园林与城市规
　　　　　划设计院有限公司

许红燕

职　　务：副总建筑师
职　　称：高级建筑师
执业资格：国家一级注册建筑师
　　　　　香港建筑师学会会员资格
单位名称：深圳市建筑设计研究院有限
　　　　　公司第三分公司

许岳松

职　　务：分院副总建筑师
职　　称：高级建筑师
执业资格：国家一级注册建筑师
单位名称：广东省建筑设计研究院
　　　　　深圳分院

巩志敏

职　　务：建筑防火分会秘书长
学　　位：博士
职　　称：高级工程师
单位名称：深圳市城市共安全技术研究院

编后语

如果说作为经济特区，深圳曾经创造了"深圳速度"，引领和带动了全国的改革开放，那么今天，深圳更要带头倡导和践行"质量引领"的理念，率先打造"深圳质量"，实现从"深圳速度"向"深圳质量"转变，实现深圳质量的新跨越，继续为国家的改革开放事业作出特区应有的贡献。

2014年，住房城乡建设部在《关于推进建筑业发展和改革的若干意见》中提出：提升建筑设计水平。加强以人为本、安全集约、生态环保、传承创新的理念，探索研究大型公共建筑设计后评估。国务院在《关于进一步加强城市规划建设管理工作的若干意见》中提出：加强设计管理。按照"适用、经济、绿色、美观"的建筑方针，突出建筑使用功能以及节能、节水、节地、节材和环保，防止片面追求建筑外观形象。强化公共建筑和超限高层建筑设计管理，建立大型公共建筑工程后评估制度。

为此，我们开展了"深圳大型公共建筑后评估制度"课题研究，进行了"深圳建筑10年奖——公共建筑后评估"活动，这是对住房城乡建设部提出"通过后评估提升建筑设计水平"要求的落实，得到了深圳市住房和建设局、中国建筑学会建筑策划与后评估专业委员会（筹）的技术指导和深圳市福田区企业发展服务中心的大力支持。华南理工大学吴硕贤院士亲自为本书作序，全过程把关，对获"深圳建筑10年奖"的优秀工程后评估报告进行点评，对全书起了引领示范作用。清华大学的庄惟敏大师为本书作序，对后评估报告内容进行详细指导，庄惟敏大师强调后评估应本土化，应具有中国特色。

从2018年7月，我们举办了全市1000名一级注册建筑师必修课《建筑策划与后评估》学习及考试，在后评估理论指导下，以艾志刚、张一莉、陈晓唐、沈晓恒、侯军、于天赤为核心的后评估专家团队进行首次后评估工作。专家们思路清晰，步骤明确，办法可施，按照庄惟敏大师提出的短、中、长期价值进行后评估。庄大师提出：使用后评估分三个层次。一是与建筑师沟通的短期价值，直接评估建筑的适用性。二是与建设者（业主）沟通的中期价值，在总结经验的基础上做好新项目，避免重犯以前的错误。三是对建筑行业、建筑学科的长期价值，涉及规范、标准等指标体系的更新完善与制定。强调应用后评估成果中的"可持续使用改进建议"，促进建筑性能的持续提高和改善，延长优秀建筑的生命周期30%，提高建筑质量，推进节能低碳。

目前"深圳建筑10年奖——公共建筑后评估"处于研究探索阶段，参加的项目尚少，要实现从"深圳速度"向"深圳质量"的目标，要总结经验和完善办法，待时机成熟再设"深圳建筑25年奖"，将"建筑策划——后评估"作为完整的建设程序列入建筑师负责制的核心业务，形成建筑流程闭环的反馈机制，以引导良好的设计构思，提高工程质量，延长建筑生命力，提升建筑的综合效益。

后评估办法中规定，"深圳建筑 10 奖——公共建筑后评估"的参评项目应为竣工 10 年以上，并获得市级二等奖、省部级三等奖以上的深圳公共建筑。首届"深圳建筑 10 年奖——公共建筑后评估"工作，结合国情对申报项目增设了绿色建筑后评估指标和建筑安全（消防）后评估指标。在 100 个申报项目中评出 21 个后评估获奖项目。后评估及编撰工作历经组建队伍、评选项目、建筑回访、搜集资料、以"循证设计模式"梳理，编写"可持续使用改进建议"，总撰合成、点评、审核等阶段，数易其稿，不断总结，逐步提高。

可以说《深圳建筑 10 年奖——公共建筑后评估》是国内第一部关于建筑师开展公共建筑后评估的成果专著，为了做好编撰工作，本书邀请了华南理工大学、广东省建筑设计研究院和深圳 8 家建筑设计单位参编。各参编单位以编撰工作为己任，在人力、物力、财力上大力支持。后评估编撰人员呕心沥血，辛勤耕耘，终于完成书稿。书稿的撰成，凝聚众人的智慧和血汗。

值此《深圳建筑 10 年奖——公共建筑后评估》问世之际，谨向所有支持本书编写工作的设计、科研和教学单位，以及为此发扬无私奉献精神、付出辛勤劳动的各位专家、学者表示最诚挚的谢意！

愿这份献给改革开放 40 年的礼物，将帮助我国建筑师，为人民创造更多更美好的建筑作出新的贡献！

张一莉

2018 年 12 月 18 日于深圳